Ein Tierarzt erzählt

W0376000

Kurt Haller

Ein Tierarzt erzählt

Heuduft und Kartoffelfeuer

Weltbild Verlag

Lizenzausgabe für
Weltbild Verlag GmbH, Augsburg 1990
© Albert Müller Verlag, AG, Rüschlikon-Zürich – Nachdruck, auch einzelner Teile, verboten. Alle Nebenrechte vom Verlag vorbehalten, insbesondere die Übersetzungsrechte, die Filmrechte, das Abdrucksrecht für Zeitungen und Zeitschriften, das Recht zur Gestaltung und Verbreitung von gekürzten Ausgaben und Lizenzausgaben, Hörspiele, Funk- und Fernsehsendungen sowie das Recht zur photo- und klangmechanischen Wiedergabe durch jedes bekannte, aber auch durch heute noch unbekannte Verfahren.
Gesamtherstellung: Ueberreuter Buchproduktion Ges.m.b.H., Korneuburg
Printed in Austria
ISBN 3-89350-253-X

Vorwort

Zurückschauend auf ein längst durchzogenes Land ging ich, Gewohntes verlassend, den Weg des Erzählens. Neu entstand im Spiegel der Phantasie das Vergangene vor meinen Augen und ans Licht stieg die Geschichte vom jungen Tierarzt in Schwipfingen. Bunte Bilder aus den Fünfzigerjahren, seitab der Wirklichkeit des Geschehens, begannen Platz zu greifen und sich über die ländliche Szenerie meiner lieben schwäbischen Heimat auszubreiten.
Bald tanzten auf den weißen Blättern Fabeln des Berufes, Träume von der Liebe und kleine Skizzen menschlicher Werdung. Begleitung erhielt dieser Spaziergang am Rande der Wahrscheinlichkeiten von glückvollem Naturempfinden und heiterer Lebenslust. ‹Heuduft und Kartoffelfeuer› hat aber auch ein Anliegen. Es möchte nämlich Interesse wecken am Schicksal eines Arztes für Tiere, den trotz aller Schwierigkeiten sein schöner Beruf zutiefst beglückt und der nie aufhört zu hoffen, sich zu bemühen und zu lieben.

Eislingen, im Mai

Inhalt

1. Kapitel

Im Gasthaus zum Adler

Im südlichen Deutschland gibt es ein Stück Vorland der Schwäbischen Alb, das die Einheimischen das «Schwipfinger Ländle» heißen. Genaugenommen liegt es zwischen dem Albtrauf und einigen Vorbergen, welche man auch als die drei Kaiserberge bezeichnet und deren Namen Hohenstaufen, Rechberg und Stuifen lauten.

Hier findet man das breite Tal des Wiesenbaches mit seinen weiten Feldern und Wiesen, hier erheben sich bewaldete Hügel und Bergrücken, hier liegen kleine Dorfflecken und Einzelhöfe, alles bunt gemischt in abwechslungsreicher Mannigfaltigkeit. Und so sieht der ziehende Wanderer an jeder Krümmung des Weges ein neues bezauberndes Bild der Gegend rings um das kleine Landstädtchen Schwipfingen.

Heute, an einem sonnigen Septembertag des Jahres 1950, lächeln dessen rote Ziegeldächer und seine blaugraue Kirchturmspitze durch den grünen Vorhang der Obstgärten zufrieden in die Landschaft. Der Wiesenbach, der sich von Büschen und Bäumen begleitet durch die Feldmark schlängelt, nimmt seinen Weg mitten durch den Ort, wo hohe Pappeln seinen Verlauf auch dem noch fernen Betrachter anzeigen.

Schwipfingen ist eine Kleinstadt, deren ganze Szenerie von der Landwirtschaft bestimmt wird. Um einen sehr bescheidenen Ortskern mit Kirche, Rathaus, Schule und dem Stall für die Gemeindebullen gruppieren sich einige kleinere Geschäfte, verschiedene Wirtschaften und die Milchsammelstelle. In diesen Bereichen gibt es auch eine Teerstraße, während alle anderen Verkehrswege einen Belag aus Steinschotter und Erdreich haben. Und hier reiht sich dann ein Misthaufen an den anderen, ein Bauernhöfle ans andere.

Ein Gebäude aber im Ortskern Schwipfingens fällt jedem Fremden besonders auf, und das ist Karl Strickers schönes altes Gasthaus zum «Adler». Dieses Fachwerkhaus, weiß getüncht mit dunkelbraunem Gebälk, erhält durch hochrankende Weinstöcke und rotleuchtende Geranien vor seinen Fenstern ein heimeliges und zugleich auch gepflegtes Aussehen.

Weit ragt das schmiedeeiserne, schwarze Schild mit dem goldenen Adler in die Straße hinein. Neben dem Hauptgebäude befindet sich ein ausgedehnter Hofraum mit großen alten Kastanienbäumen, unter denen im Sommer Tische und Stühle für die Gäste bereitstehen. Etwas zurückversetzt folgt dann der Viehstall mit der Scheune, und daran schließt sich ein Obstgarten an, in dem Strickers Geflügel seinen Auslauf hat.

Wie gesagt, es ist September und die Schwalben versammeln sich gerade in Scharen auf den hohen Pappeln beim «Adler», wo sie mit lautem Gezwitscher ihren Zug nach dem Süden anscheinend besprechen müssen.

Währenddessen sitzt drinnen in der Wirtsstube ein junger Mann, der ein Bier nach dem anderen hinuntertrinkt, und bei ihm eine ältere Frau, deren Blicken man die Mißbilligung eines solchen Tuns ansieht. Sie, das ist die Adlerwirtin. Ausgestattet ist diese Madame Stricker nicht nur mit einer enormen Leibesfülle, sondern auch mit einem sehr scharfen und vor allem geschäftstüchtigen Verstande. Während sie auf einer Bank an der Wand sitzt, vor sich eine Wäschemangel, und Tücher und Servietten durchläßt, und während in das Halbdunkel des Raumes durch die farbigen Fensterscheiben schräge Sonnenstrahlen fallen, spricht sie folgendes mit kaum verhüllter Enttäuschung:

«Wenn Sie so weiter machen, Herr Doktor, dann sind Sie betrunken, bevor noch der erste Patient auftaucht!»

Ich, von dem die Rede ist, lasse gerade das Fünfte hinunterzischen und blicke dabei unwirsch auf mein wasserbeiniges Visavis.

«Die Warterei hole der Kuckuck! Den ganzen geschlagenen Tag herumsitzen, das habe ich gern!»

«Jetzt lassen Sie nur die Kirche im Dorf! Gerade wird's vierundzwanzig Stunden, daß Sie Ihr elegantes Praxisschild an unser Hoftor genagelt haben! Was glauben Sie denn? Das kann noch Tage dauern, bis einer kommt! Wenn es sich aber einmal herumgesprochen hat, daß Schwipfingen jetzt einen eigenen Tierarzt besitzt, dann werden Sie Geschäft genug haben!»

Ich knurre wütend ob solch leerer Verheißungen und beginne im Lokal auf und ab zu marschieren. In einem hat die Wirtin natürlich recht, das Schild am Tor, das ist Klasse! Groß und deutlich steht da mit schwarzen Lettern auf weißem Emaillegrund

Dr. med. vet. Veith Pfeffer *prakt. Tierarzt*

Aber ich glaube, vorläufig bin ich der einzige, auf den es Eindruck macht. Jedenfalls, wie ich mich jetzt bereits zum x-ten Male ans Fenster stelle und hinausspähe, könnte ich rasend werden. Keiner nimmt Notiz davon. Bauern, Kinder, Frauen, ja sogar der Polizist, alle gehen sie daran vorbei, ohne es zu beachten.

Ich brauche noch ein Bier! Dann setze ich mich wieder in die dunkle Ecke an meinen Tisch und komme ins Sinnieren. Die Erinnerung an meine Praktikantenzeit steigt in mir hoch und mit dem Pinsel der Begeisterung beginne ich der Adlerwirtin alles in recht eindrucksvollen Farben zu schildern.

«Frau Stricker, wenn Sie wüßten, wie das läuft in einer

Praxis! Bei meinem Lehrtierarzt sind wir jeden Tag schon um fünf Uhr in der Frühe losgefahren, mein Chef hatte gewöhnlich noch den Rasierschaum an der Backe. Täglich haben wir so vor dem Frühstück eine ganze Ortschaft tuberkulinisiert, dreihundert Tiere geimpft vor dem Frühstück, denken Sie! Und danach ging es ja erst richtig los! Was wir da am Tage und in der Nacht Kälber und Ferkel rauszogen! Bei uns wurden die Geburtsstricke nie trocken. Und erst das Operieren! Bauchaufschneiden – Butterbrot schneiden, das stand vollkommen auf der gleichen Ebene, das machte man nebenbei, das war nichts Besonderes. Beiläufig, wenn man gerade durch eine Ortschaft kam, da operierte man geschwind einen Fremdkörper bei einer Kuh, und wenn der Nachbar auftauchte und verlauten ließ, daß er auch eine habe, die nicht ganz auf dem Damm sei, dann schnitt man der eben auch noch rasch den Bauch auf. Wir waren echte Macher, wir drückten einer ganzen Landschaft von Menschen und Tieren täglich unseren Stempel auf, vor uns zog jeder den Hut! Zwischendurch war man eine halbe Stunde zuhause zum Essen, trank unterwegs auch mal zwischendurch ein Bier und vesperte, und abends dann so gegen neun, halbzehn Uhr fuhren wir unsere Gefechtsfahrzeuge wieder in die Garage. Deren Tor aber zu schließen rentierte sich bei uns nicht. Denn abgesehen davon, daß Nachtbesuche recht häufig waren – morgens um fünf, da ging's ja schon wieder los! Aber hier bei mir, Frau Stricker, hier bei mir in meiner Praxis, da ist alles Essig, bei mir kommt kein Schwanz!»

Wieder mal trinke ich mein Glas leer, und die Wirtin geht raus. Ach was, rutsch mir doch alles den Buckel runter, denke ich auf einmal, und wie die blonde Hedi, die Bedienung, das nächste Augustiner vor mich hinstellt, habe ich echt genug von diesem ganzen Praxiskram und wende mich einer vermeintlich erfreulicheren Seite des Daseins zu. Ich sage der Hedi ein recht deftiges Kompliment über den Inhalt ihrer hübschen Bluse, fasse sie um die Hüften und ziehe sie dabei sanft neben mich auf die Bank. Aber nicht mal dieses will mir glücken! Sie sitzt zwar, und ich habe den Arm um sie gelegt und es gefällt ihr, aber schon geht die Türe und Frau Stricker, das Ungetüm, schiebt sich langsam wieder in den Raum.

«Aber Herr Doktor! Das geht zu weit! Sowas kann ich nicht dulden! Marsch, Hedi, hinaus in die Küche!»

Verschnupft schaue ich in mein Bier. So hab ich's mir nicht vorgestellt. Leerlauf und Mißvergnügen, etwas anderes brachte dieser Praxisstart bis jetzt nicht. Und wie es immer geht, wenn etwas schiefläuft bei mir, so auch jetzt: Ich muß essen!

Also bestelle ich sogleich, und wenn es auch nachmittags um vier Uhr ist, zwei Portionen gebratenen Schweinebauch, eine Spezialität vom «Adler», mit Essiggurken und Senf. Manche meinen nun vielleicht, daß ich ein Fresser bin, aber das ist mir wurst. Hauptsache, es hilft!

Und tatsächlich strecke ich gleich danach zufrieden die Beine unter den Tisch, habe rundum ein wohliges Gefühl, und die Welt ist für mich trotz ihrer Widerborstigkeit wieder im Lot.

Hernach komme ich zum gemütlichen Teil, krustle in meiner Jackentasche, und fördere eine Injektionskanüle zutage und beginne mir damit meine Fingernägel zu reinigen. Lachen Sie nicht, es geht ganz ausgezeichnet damit, vorausgesetzt, daß Sie eine solche mit lanzettförmiger Spitze verwenden. Aber glauben Sie nun nichts Falsches! Abszesse nach einer Injektion kann ich mir keine erlauben!

Hinterher hole ich einen von den glatten, stumpfen Augenhaken heraus, die so schön mattsilbern glänzen und sich so gut zwischen den Fingern anfühlen, und spiele ein bißchen mit ihm. Meinen Lehrtierarzt brachte es immer auf die Palme, wenn ich etwas von meinem Kleidertascheninstrumentarium hervorholte, und er pflegte bei solchen Anlässen recht abwertende Worte zu äußern. Aber deshalb ließ ich mir meine arglose Freude an diesem kleinen Vergnügen nicht verderben. Die einen spielen eben gerne mit ihren Genitalien, ich dagegen lieber mit meinen Instrumenten. Ist es nicht so?

«Schauen Sie, Frau Stricker, das ist ein stumpfer Augenhaken, mit dem ziehe ich die Kälber heraus!»

Ich zeige ihr das nur fünf Zentimeter lange Häkchen mit Öse und lasse sie es gebührend bewundern. Nachdem sie erfahren hat, daß man diesen Haken nur am Knochen beim Auge ansetzt und damit niemals eine Verletzung anrichten kann, ist ihr anfängliches Entsetzen über ein so brutales Marterwerkzeug gewichen.

«Das hier ist natürlich noch gar nichts», mache ich sie neugierig «draußen im Auto und auf meinem Zimmer habe ich gleich zwei Kisten voller Instrumente und zwar selbst für die ausgefallensten Operationen. Sogar ein Mikroskop ist darunter mit zwölfhundertfacher Vergrößerung!»

Nicht ohne Grund bringe ich dies meiner Adlerwirtin so nahe, denn ich weiß genau, daß sie das alles wieder in vielfacher Form weitergibt, und das ist wichtig: Der neue Tierarzt braucht ein Image! Außerdem bin ich auch noch stolz auf meinen Reichtum, denn in diesen Zeiten, so kurz nach Kriegsende, da ist es verdammt schwer, an sowas zu kommen. Neue Instrumente gibt es nur auf dem Wege des Tauschhandels. Ein Skalpell gegen fünf Schachteln Zigaretten, heißt es da, oder eine Gans gegen einen Emaskulator. Aber wenn man nichts zu verscheuern hat, dann sitzt man ganz schön in der Bredouille, es sei denn, man hat ein solch unwahrscheinliches Glück wie ich. Hatte da vorigen Sommer vernommen, daß ein Tierarzt im Badischen ums Leben gekommen sei – den Arm in der Kuh ist er umgesunken und tot gewesen – und daß seine Frau eventuell das ganze Inventar verkaufen werde. Ohne Verzug kreuzte ich dort auf und fand eine zierliche Frau vor, die mich unerwartet freundlich aufnahm und bei sich behielt. Ich half ihr bei der Abwicklung alles Notwendigen, und als ich abreiste mit meinen zwei Kisten, besaß ich eine komplette Ausrüstung.

Es ist zwar alles uralt, mein Vorgänger hatte das meiste davon ebenfalls schon übernommen, aber es sieht geheimnisvoll aus und operationsumwittert, und kein Laie kann sich irgendeinen Begriff machen von all den Haken und Rohren und komisch gebildeten Metallkörpern, weiß ja selbst ich nicht alle ihre Namen und Anwendungsgebiete. Jedermann steht daher mit beträchtlicher Ehrfurcht vor dieser Sammlung, und als Besitzer glänzt man in schmeichelndem Lichte hoher Wissenschaftlichkeit.

Bedauerlicherweise bin ich aber kein solcher Geheimrat tierärztlicher Künste, denn die alma mater, die Mutter der Studierenden, zog mich in diesen Nachkriegsjahren mit dünner Magermilch auf, statt mich an prallen Brüsten zu verwöhnen. Deshalb, und das sage ich zu Ihnen im Vertrauen, weiß ich weder alles, noch kann ich alles. Ich werde daher oftmals bluffen müssen, werde eine Situation mit lateinischen Worten zu überspielen haben, werde den Leuten, wenn nötig, ein X für ein U vormachen müssen. Denn alle, ist es nicht so, erwarten, daß der Doktor sich hinten und vorne auskennt, daß er ein routinierter Experte ist und daß er auch die seltenste Operation so zack zack im Vorbeigehen erledigt. Stellen Sie sich mal vor, Sie müßten da nur zum Beispiel bei einer Kuh eine Nachgeburt abnehmen, und das ist weiß Gott eine ganz alltägliche Verrichtung für einen Tierarzt. Nachgeburt, das hört sich komisch an, das ist aber nur der Hautsack, in dem das Kalb bis zu seiner Geburt im Fruchtwasser schwimmt, sozusagen ein Hallenbad des Kalbes mit einer Wassertemperatur von 39 Grad, ein Thermalbad! Ist das Kalb nun raus und das Fruchtwasser abgeflossen, dann wäre es auch für den Hautsack, den man unter anderem auch als die Eihäute mit der Placenta bezeichnet, Zeit abzuhauen. Aber das tut er nicht immer. Die Nachgeburt geht nicht ab, sagt der Bauer. So, und jetzt kommen Sie dran! Greifen Sie jetzt mal mit Ihrem ganzen Arm bis zur Schulter in die Kuh hinein und versuchen Sie nun mal dort, in der vollkommensten aller Finsternisse und in der unübersichtlichsten aller Operationssituationen sich zurechtzufinden.

Ich sage Ihnen, wenn Sie das zum ersten Male machen sollen und der Tierbesitzer steht argwöhnisch dabei, weiß, wie das die alten Praktiker erledigen und wie schnell das bei diesen geht, dann kriegen Sie ein ganz komisches Gefühl in den Bauch. Denn die Nachgeburt, die schaffen Sie natürlich nie raus, das ist sonnenklar, auch wenn Sie sich Ihren Arm noch so lange von den Schließmuskeln der Kuh zerquetschen lassen.

Sehen Sie, so ist die Lage! Kommt also jetzt endlich einmal einer nach Wochen des Wartens und sagt vertrauensvoll zu ihnen:

«Herr Doktor, bitte nehmen Sie in meinem Stalle eine Nachgeburt ab!» Da können Sie doch nicht hergehen und antworten:

«Mann, da wird nichts draus, das habe ich noch nie gemacht!»

Auf diese Art hätte noch keiner auf der Welt jemals eine Praxis gründen können. Nein, man muß bluffen! So gut bluffen, daß es niemand auffällt. Also rede ich in einem solchen Fall wie dem obigen folgendermaßen los:

«Mann, Mann, da haben Sie mich aber gleich beim ersten Mal zu einem geradezu einmaligen Fall gerufen. Diese Nachgeburt ist total angewachsen! Das kommt unter tausend Fällen nur einmal vor! Ich lege daher jetzt nur ein Desinfektionsmittel ein und komme dann jeden zweiten Tag wieder, solange bis alles raus ist. Da bin ich Fachmann, in einem solch schwierigen Falle läßt sich das nicht anders machen!»

Verständlich, daß daraufhin der Landwirt etwas befremdet dreinschaut. Tritt man aber recht entschieden auf, so schluckt er die Verordnung, und man kann nun fünfmal hintereinander üben und sehen, daß man ohne Schaden für die Kuh zurechtkommt und letztlich die Nachgeburt, wenn auch zerrissen in unzähligen Fetzen, doch noch hinter der Kuh liegt.

Sehen Sie, so muß es jeder machen, der nicht als Meister vom Himmel gefallen ist.

Und deshalb sehe ich mein Problem so: Ich muß überzeugen ohne das wichtigste Überzeugungsmittel, ohne die Erfahrung! Schnurzegal, was andere fertigbrachten, das schaffe ich auch. Oder zweifeln Sie daran?

Am nächsten Tag hält es mich nicht mehr im Hause. Mir wird's zu dumm! Ich setze mich in meinen DKW-Reichsklasse, Baujahr 34, mit Holz- und Kunstlederkarosserie und fahre los. Den Ortsobmann der Bauern will ich aufsuchen, will sehen, was sich machen läßt. Zuerst geht es über die steinerne Fahrbrücke des Wiesenbaches, an dessen steilen Ufern Weidenbäume ihre Äste sanft weit über das klare Wasser neigen. Es ist heute der erste Nebelmorgen in diesem Herbst, aber durch den fahlen Himmel sieht man bereits das bleiche Gesicht der Sonne schauen.

Der Adlerwirt hat mir den Weg beschrieben, und so fahre ich alsbald in den Hof des Gesuchten ein und marschiere dort geradewegs in den Stall. Denn es ist zu der Zeit, wo man dort die Morgenarbeiten zu verrichten hat. Wie so üblich, sehe ich beim Eintreten, daß die Frau unter der Kuh sitzt und melkt, während er gerade mit Füttern beschäftigt ist.

«Guten Morgen, die Herrschaften», rufe ich schon unter der Türe, «der neue Tierarzt, wohnhaft bei Strickers im ‹Adler›, ist hier!»

Aber kein erfreuter Aufschrei antwortet. Im Gegenteil, es bleibt recht still. Nach einer Weile kommt er, ein älterer Landwirt, auf mich zu, sieht mich vollkommen uninteressiert an und spricht wie folgt zu mir:

«Wir arbeiten seit vielen Jahren mit dem Regierungsveterinärrat Dr. Lutz aus der Kreisstadt zusammen und haben die Absicht, dies auch weiterhin zu tun, reschpektive, verstehen Sie! Denn dieser ist auch der zuständige Beamte für die Notschlachtungen und für die Milchkontrolle und für noch vieles mehr, was für uns wichtig ist, reschpektive!»

Damit dreht er sich um und schreitet wieder seinem Futtertisch zu, um weiterzuarbeiten. Mir fährt es wie Funken durch den Kopf, als ich den so reden höre, und im Stillen denke ich, Kerl, dich krieg' ich schon noch am Schlafittich, samt dem komischen Supermann da, der überall seine Finger drin hat. Da nimmt die Sache plötzlich noch einen anderen Verlauf. Denn die Bäuerin ruft mit recht energischer Stimme unter ihrer Kuh hervor:

«Gustav, wenn er schon da ist, dann laß ihn doch bei der ‹Frida› drüben ihre Euterwarzen mal ansehen, die kann ich doch kaum mehr melken!»

Der graue Griesgram auf dem Futtertisch protestiert postwendend:

«Bäuerin, das können wir nicht machen! Wenn das der Veterinärrat erfährt, sind wir restlos untendurch, reschpektive!»

«Ach was, Herr Doktor, kommen Sie mal dort rüber und schauen Sie sich die Sauerei an, da muß doch was geschehen!»

Nachdem die resolute Frau ihren ängstlichen Alten mit diesen Worten in die Schranken gewiesen hat, zeigt sie mir sogleich die rotgefleckte «Frida». O je, kommt's mir in den Sinn, sowas habe ich ja überhaupt noch nicht gesehen. Die ganzen Striche sind vollbesetzt mit Klumpen von Warzen. Die zartrosa Haut des Euters ist mit schwarzen häßlichen Geschwülsten bedeckt, von denen eine sogar blutet. Ein scheußlicher Eindruck! Klar, daß das Tier Schmerzen hat beim Melken und ausschlägt dabei. Klar auch, daß man die Sache hätte schon vor Wochen angehen sollen, als alles noch klein und harmlos war. Aber meinen ersten Fall, den lang herbeigesehnten, kann ich mir nicht entgehen lassen, obwohl, mit Euterwarzen habe ich in meinem ganzen Leben noch nie etwas zu tun gehabt. Ich sage deshalb im überzeugenden Ton eines alten Routiniers:

«Das werden wir gleich haben!» und gehe zum Wagen, um schnell in meinem Lexikon, das vorsichtshalber dort bereitliegt, nachzuschlagen. Aber nichts ist's! Der alte Teufel geht mit raus und stellt sich neben das Auto. Also handeln! Wie gelernt in der HDV 300/1 (der Heeresdienstvorschrift): «Nichtstun ist schlechter als Fehlgreifen in der Wahl der Mittel!» So entschließe ich mich zur Radikalkur, schnappe mir eine gebogene Schere und dann geht's ran!

«Weg müssen die allesamt, die schneide ich ratzebutz alle runter!» schleudere ich dem Alten in sein skeptisches Gesicht, und schon stehe ich neben der rotgefleckten «Frida» und gebe meine Anweisungen. Ritsche ratsche, die ersten fallen. Ich stehe gebückt und schneide, der Alte hält die Kuh in der Nase und die Bäuerin hat den Schwanz ergriffen. Es geht prächtig, die Hälfte habe ich schon. Da fliegt plötzlich meine Schere durch die Luft und verschwindet irgendwo in der Einstreu. Nicht so meine Finger, die ja angewachsen sind. In ihnen entsteht eine schnelle große Hitze, und sie verdicken sich fast zusehends. Bin anscheinend etwas tief gekommen beim Schneiden, und da hat's die «Frida» mitgekriegt. Ihre Antwort besorgte dann blitzschnell und gekonnt ihr Hinterfuß.

«Haha», lache ich, «die ist mal flink!» Ich lasse mir doch vor denen da nichts anmerken! Wie durch ein Wunder finde ich die Schere im Stroh auf Anhieb wieder, lasse sie in der Küche mit kochendem Wasser überbrühen und führe die Sache dann vollends zuende.

«So, Frau Laible», sage ich, «das hätten wir. Jetzt ist der Fall erledigt. Und die Stellen, die bluten, die tupfen Sie nachher einfach mit Schnaps ab!»

«Gottseidank!» atmet da die Bauersfrau auf, «siehst du, Gustav, wie der Herr Doktor das in Nullkommanix erledigt hat, und ich plage mich schon wochenlang damit rum!»

Vom Angesprochenen aber kommt keine Antwort, der hat sich verzogen. Trotz meiner geschwollenen Hand stakse ich voll stolzer Gefühle zum Auto hinaus.

So muß es gehen! Gerade die Widerwärtigen sollen zuerst erfahren, welch neuer tierärztlicher Wind jetzt weht. Und daß der nicht etwa denkt, weil er Obmann ist und erlaubt hat, daß ich diese Operation in seinem Stall durchführe, bekäme er es umsonst. Pfeifendeckel, blechen muß er!

Aber wie ich gerade eingepackt habe und wegfahren will, da höre ich vom Stall her lautes Schreien und gleich darauf das Brüllen einer Kuh. Hurtig steige ich nochmals aus und laufe zur halboffenen Türe hinein. Die Bäuerin steht leichenblaß in der Stallgasse und hält sich den Arm, während ihr Mann mit einem Holzprügel auf die «Frida» einhaut und seine Frau anschreit:

«Das geschieht dir gerade recht! Du mußt ja immer alles besser wissen, reschpektive! Man läßt doch solche Anfänger nicht an den Kühen herumpfuschen!»

Als er mich sieht, bekommt er einen roten Kopf, schreit aber unentwegt weiter. Aber auch sie schenkt meinen Worten jetzt kein Gehör mehr. So schreibe ich denn meine Anweisung auf einen Zettel und lege ihn auf den Melkschemel:

«Kuh beim nächsten Melken vorne hochbinden und die Hinterbeine fesseln! In ein paar Tagen sind keine Schmerzen mehr vorhanden, und sie läßt sich wieder normal melken!»

Trotz dreier Vormittagsschnäpse und einer schönen garnierten Wurstplatte liegt mir die Warzenmisère den ganzen Tag über schwerverdaulich im Magen. Wen kann es da wundern, daß bis gegen Abend sich die Striche an meinem Bierdeckel ausnehmen wie ein kompletter Gartenzaun. Selbstredend habe ich mir inzwischen das Lexikon vorgeknöpft. Es weiß eine ganze Menge über Warzen und ihre Therapie darzutun und siehe da, auch mein Absetzen mit der Schere ist darunter. Also bin ich nicht mal so ganz schief gelegen, wie mir das vorkommt. Trotzdem, das Resultat ist niederschmetternd. Im Laufe des Nachmittages berichtet Herr Stricker, man habe Frau Laibles Arm in Gips legen müssen, und der halbe Ort rede schon davon, daß der neue Tierarzt vom «Adler» des Obmanns Kuh so zugerichtet habe, daß sie niemand mehr an sich ranläßt und daß man sie vielleicht gar noch schlachten muß deswegen. Der Alte, der Reschpektive, der Statthalter vom Veterinär in der Kreisstadt, der plärrt es sicher jetzt durch die ganze Gegend. Aber warte, Bürschle, dich werde ich schon noch kriegen! So geht's in meinem Kopf herum, und noch einmal und noch einmal. Nur gut, daß sie hier im «Adler» so nett zu mir sind. Irgendwie gehöre ich anscheinend schon zu ihnen, und was mich betrifft, das betrifft auch sie. So bekomme ich manch tröstendes Wort zu hören, und heute stellt man mir auch ohne die sonst üblichen warnenden Hinweise der Adlerwirtin, die wie gewohnt an ihrer Mangel sitzt, mein neuntes und mein zehntes Bier hin. Alle wissen, heut hat er es wirklich nötig. Nachdem ich dann noch fünf rote Würste mit eingenetzten Wecken verzehrt habe, stimmt die Richtung wieder annähernd. Allerdings muß ich mich wundern über die Vorhänge an den Fenstern, die sich in lange Abendkleider verwandeln, in denen schöne Damen mir von allen Seiten zulächeln. Ich vermute, daß ich ein sehr begehrenswerter Junge bin im Augenblick und lächle zurück, mal zu denen da drüben am Eingang, mal zu den Hübschen gleich nebenan. Da reißt irgend so ein profaner Störenfried die Türe auf, ich kriege das mit und schaue hin und meine, das könnte der Stricker persönlich sein. Er tut ganz aufgeregt und winkt mir zu. Sowas Blödes, der verscheucht mir noch meine ganzen Verehrerinnen! Aber er gibt nicht nach. Anscheinend hat er seine Stallkleider an, denn er bleibt immer unter der Türe stehen und traut sich nicht herein. Soweit ich das beurteilen kann, sollte ich jetzt was unternehmen. Demgemäß bemühe ich mich hochzukommen und in seine Richtung zu marschieren. Das Lokal ist jetzt, am Abend, ziemlich voll, und ich strenge mich mächtig an, senkrecht zu bleiben und Kurs zu halten. Wahrscheinlich gelingt dies nur ganz bedingt, denn Strickers Blicke kommen mir plötzlich recht verzagt vor. Drum nehme ich mir auch gleich vor, ihn ein bißchen aufzuheitern und rede wie folgt auf ihn ein:

«Na, mein lieber Adlerwirt, wo tut's denn weh? Der O-O-Onkel Doktor holt gleich ein gutes Pülverchen für den Kleinen!»

Aber mein Herr Stricker hört gar nicht hin. Stattdessen zieht er mich zur Türe hinaus, und draußen im Gang zischt er zweimal etwas anscheinend sehr Wichtiges in mein Ohr. Er merkt, glaube ich dann, daß das bei mir im Augenblick nicht recht durchkommt, und deshalb zieht er mich weiter und zerrt mich schließlich über den Hof in seinen Viehstall. Im trüben Lichte sehe ich da eine gelbe Landschaft aus Stroh und darin dicke rotweiße Flecken, die irgendwie komisch sich bewegen. Mir ist garnicht so recht wohl bei der Geschichte, denn es will mir scheinen, daß der Stricker etwas ganz Bestimmtes von mir will. Jetzt zeigt er auf einen der größten weißroten Flecken, der direkt vor mir hin- und herschwankt. Wie von Geisterhänden werden mir meine Jacke und mein Hemd ausgezogen, dann schmiert man meinen rechten Arm mit etwas Weißem ein und schiebt mich noch näher an den rotweißen Fleck heran. Und langsam dämmert's mir nun, was ich hier soll. Vermutlich ist dieser Fleck da vor mir eine Kuh, die nicht kalben kann. Tastend strecke ich die Hände nach vorne, und plötzlich habe ich etwas in der Hand, was mich augenblicklich stimuliert und die Nebel der Bierdünste verdünnt, nämlich den nassen kleinen Fuß eines Kalbes! Neben mir sehe ich Strikker, der mir zunickt, was ich mit einem satten Rülpser quittiere. Aber die Situation empfinde ich trotzdem noch reichlich verschwommen. Ich fummele zwar ganz schön mit meinen Händen in der Gegend rum, aber soweit ich jetzt zählen kann im Augenblick, sind da insgesamt drei Kalbsfüße, die aus der Kuh hängen, nicht nur einer, oder was vorschriftsgemäß wäre, zwei. Also sortiere ich hin und sortiere her und zähle dazu und komme jedesmal auf drei.

«Zwillinge» stoße ich hervor. Es fällt mir auf, daß Strikker nickt und dazu komische Gebärden macht, etwa so, wie wenn ein Neger im Urwald seinen Medizinmann beschwört. Es ist mir aber vollkommen schnuppe, was er da aufführt. Im Hintergrund auf der geistigen Leinwand meiner labilen Gefechtslage projiziert sich derzeit nämlich gerade zögernd die Situation einer gestörten Zwillingsgeburt. Es kann da sein, wird mir gemeldet, daß die zwei Geschwisterchen da drinnen in Streit geraten, wer zuerst rausdarf in das freudvolle, doch ach so kurze Erdenleben. Und so wie Kinder eben sind, drängen sie sich dann beide recht unvernünftig zu gleicher Zeit durch die Türe. Das schaffen sie natürlich nicht, und so sitzen sie bald darauf ganz schön in der Klemme. Sie sind eingekeilt und können weder vor noch zurück. Eines hat zwei Beinchen in der Tür, eines nur eines. Ha, jetzt blicke ich wieder durch! Zuerst müssen alle drei Füße wieder zurück, dann muß ich ordnen was zusammengehört, und dann zieht man das Kalb mit der günstigsten Austrittslage heran, während das andere mit einem Arm zurückgedrängt wird. So schön deutlich, wie es sich hier liest, tickt es natürlich nicht in meinem Bordcomputer, aber im Prinzip habe ich nun eine erste Ahnung von der Sache. Der Stricker und die Lene, die Stallmagd, stehen mir nach Kräften zur Seite. Schwanke ich nach rechts, fängt mich der Stricker, bekomme ich die Neigung nach links, drückt die Lene dagegen. Und zwischendurch stehe ich auch bolzgerade – und halte mich an der Kuh. Also zurück zuerst! Stricker drückt aufs Kreuz, die Magd hält mich, und ich halte die Beinchen und drücke sie zurück in die große dunkle Höhle, aus der sie gekommen sind. Ein plötzlicher Ruck in einer Wehenpause, und es ist geschafft. Der Adlerwirt allerdings schaut verdrossen drein, denn waren vorher wenigstens die Beine zu sehen von seinen Kälbern, so sind jetzt nicht einmal diese mehr da. Und er wollte doch, daß ich sie ihm heraushole. Wieder einmal redet er auf mich ein, aber immer noch ist alles bla bla, was über die Aufnahmestation meiner Ohren läuft.

Ich gehe jetzt ans Sortieren. Wem gehört was? Es ist leider alles total unübersichtlich im dunklen Innern der Kuh.

Habe ich einen Fuß zugeordnet und greife nach dem nächsten, ich habe es ja nun mit vieren zu tun, die kreuz und quer durcheinanderliegen, so ist schon der erste nicht mehr auffindbar, und es geht von vorne los. Hochtasten bis zum Körper, dann auf der anderen Seite wieder nach unten, so sollte es sein, glaube ich mich zu erinnern, aber ich komme nicht klar dabei. Ich schwitze schon regelrecht, und mein Arm ist vom langen Eingeklemmtsein in der Kuh kaum mehr aktionsfähig. Ich ziehe ihn daher heraus, sehe den resigniert dreinschauenden Stricker an und sage ganz laut:

«Scheiße!» So, das mußte gesagt werden, allmählich wird's mir doch leichter, ich spüre es kommen. Mein Kopf weiß jetzt, was er will. Ich schwanke zum Wasserhahn, stelle einen Eimer drunter und lasse einlaufen, gutes kaltes Wasser! Dann visiere ich den Stricker an, deute auf den Eimer und dann auf mich und sage:

«Obendrüber!» Das begreift er schnell, der Stricker, und er tut es. Es ist eine gute Kur, denn ich muß, nachdem mich die triefende eiskalte Nässe erst einmal tüchtig durchgebeutelt hat, laut lachen und die anderen, die mich gleich darauf in der Stallgasse herumhüpfen sehen, stimmten mit ein.

«Jetzt aber ran!» rufe ich, bin schon wieder in der Kuh, und nach Kurzem habe ich zwei passende Haxen und rufe auch schon «Stricke her!» Den Adlerwirt sieht man schmunzeln, denn er weiß, «Stricke» heißt rausziehen, bedeutet, wir haben es geschafft. So gehen auch tatsächlich keine drei Minuten mehr herum, und das erste Kalb klatscht auf den Boden. Das zweite ziehe ich sofort im Anschluß mit beiden Armen selbst heraus, denn es ist ein kleiner Hering, was seine Größe anbetrifft.

Und die zwei kleinen Dinger leben sogar. Ich setze mich auf einen Strohballen, schlage eine Pferdedecke um mich und schaue zu, wie die lange Zunge der Kuh die Babies durchmassiert und sie auf Vordermann bringt.

Am nächsten Morgen kommt's mir vor, als wäre ich im Schlaraffenland. Harmlos setze ich mich an den Frühstückstisch und will bestellen, da fahren auch schon ganz von selbst sechs Spiegeleier mit gebratenem Rauchfleisch auf.

«Die Chefin läßt ‹Guten Morgen› wünschen», sagt die Bedienung dazu und stellt gleich zwei Kurze und eine Kanne Kaffee daneben. Der Tag läßt sich recht gut an, denke ich, und grinsend haue ich rein. Später schaue ich zum Fenster raus, etwa so wie ein Frosch, der seine Zunge rausstreckt und wartet, ob nicht eine Fliege sich draufsetzt, die er verspeisen kann. Aber ich muß lange meine Zunge raushängen. Zuerst geht es ja noch, denn ich bin am Verdauen und schaue friedvoll wie ein wiederkäuendes Rind in die Landschaft. Die Straße runter nach rechts geht's zum Farrenstall, und dahinter kommt dann die steinerne Brücke. Doch da es in Strömen regnet, sind die Gänse und die Enten die einzigen, die da draußen herumspazieren. Ah, da kommt doch einer, ein Bauer sogar. Er zieht am Strick eine Kuh hinter sich her und befindet sich sicherlich auf dem Heimweg vom Farrenstall. Brautführer heißt man so einen. Langsam geht's voran bei den zweien, denn der Kuh pressiert's anscheinend überhaupt nicht. Wie sie endlich auf der Höhe vom «Adler» sind, sehe ich, wie der Führer des Rindviehs mein Schild entdeckt, und ich rufe hinüber:

«So ein Sauwetter!» Der Mann schaut her, sieht mich, zieht die Schultern hoch bis fast unter den Schlapphut und blickt weg. Dann macht er plötzlich doppelte Anstrengungen, um vom Fleck zu kommen. Eine saubere Bagage ist das! Schon steigt mir das Blut wieder zu Kopfe. Euch werde ich noch die Leviten lesen, darauf könnt ihr euch verlassen! Jetzt sollte ich dringend was trinken, jetzt hätte ich's wieder nötig. Aber ich bleibe am Fenster, habe mir jetzt sogar ein Kissen untergelegt und lehne ganz bequem hinaus in der Art der Stadtleute nach Feierabend. Richtung Brücke auf einer Miste gräbt gerade ein Hund ein Loch. Ich kann mir denken, was er da sucht. Sehen Sie, ich hatte recht, er zieht ein großes rotes Stück Haut hervor und fängt gleich an, mit großem Appetit daran zu fressen.

Er hat die Nachgeburt einer Kuh gefunden, welche die Bauern üblicherweise auf ihre Dunghaufen werfen. Unter verschiedenen Lagen Mist ist sie dann nach Tagen fein durchgedünstet und für die Empfindung eines Hundegaumens eine Delikatesse von unerreichtem Goût. Inzwischen bilden sich auf der Straße die ersten Wasserpfützen. Eigentlich ist es stinklangweilig, da hinauszuglotzen und Frosch zu spielen. Da kommt mir ein Gedanke. Gegenüber vom «Adler» ist das lange Gebäude vom Feuerwehrmagazin oder Spritzenhaus, wie sie hier dazu sagen. An seiner Längsfront sind einige Schaukästen von Vereinen angebracht und außerdem ein größeres Brett, an das allerlei Zettel geheftet sind. Dort gehe ich jetzt mal rüber und schaue, was die Leute hier so alles interessiert. Ich springe also zwischen den kleinen Wasserseen hindurch auf die andere Straßenseite und schüttle mich zunächst einmal unter einem Vordach, daß die Regentropfen aus meinen Haaren fallen. Dann beginnt das Studium. Da gibt es einen FC, der seine Mannschaftsaufstellung für Sonntag bekannt gibt, da ist ein Kirchenchor, der Mitglieder sucht, und dort ist ein Plakat vom Kino in der Stadt. Der Obstbauverein lädt zu einem Vortrag ein, der Obmann sucht eine Aushilfsmelkerin, hm ... hm ..., Zwetschgen zum Schnapsen gibt es bei Wendelin Kirner und schau: Schweineschneider Schiz aus Schwäbisch Hall verschneidet Jungschweine nächsten Dienstag ab 12 Uhr. Anmeldung beim Züchter Anton Bühler. Sapperment, da sieht es ja gut aus in meinem Schwipfingen. Da reisen Leute an aus einem ganz anderen Landstrich und üben hier an meinem Wohnsitz eine tierärztliche Tätigkeit aus. Sauber, sauber, muß ich sagen. Voller Dampf im Kopf springe ich wieder über die Straße zurück zum «Adler». Jetzt brauche ich doch ein Bier! Frosch spielen, solange andere sich an meinen Mücken mästen, sich mästen direkt vor meiner Nase, das kann ich nicht von mir verlangen.

Am Nachmittag bringt mich der Adlerwirt mit einem Mann ins Gespräch, der ganz nach Landwirtschaft aussieht.

Er hat zwar einen Sonntagsanzug an, aber man merkt's trotzdem, woher er stammt. Der Adlerwirt sagt, daß der Herr «Kübler» heißt und ein Freund von ihm ist. Er bewirtschafte den Wannhof bei Hochdorf und habe 40 Stück Vieh im Stall. Das macht natürlich Eindruck, 40 Stück Vieh. Das hat kaum einer in dieser Gegend. Der Stricker erzählt dann von der Ia Geburtshilfe, die ich gestern hingelegt hätte, und lobt mich über den Schellenkönig. Mir wird fast schlecht dabei, aber ich nehme mich zusammen und grinse sogar dazu.

«Na ja», meint der Kübler, «wenn wir mal einen Fall haben, will ich dran denken. Obwohl wir», fügte er hinzu, «im letzten halben Jahr überhaupt keinen Tierarzt gebraucht haben, gottlob!»

Alles Nieten – wo du hinschaust, was du machst, Nieten! Langsam werde ich stocksauer. Trotzdem lehne ich mich wieder zu meinem Fenster hinaus und beobachte aufmerksam, ob mir nicht doch jemand auf den Leim geht. Der Regen hat aufgehört, zwei Häuser weiter unten pumpt einer sein Güllenfaß voll. So verstreicht die Zeit. Es mag gegen 16 Uhr sein, da, ich traue meinen Augen nicht, taucht eine Frau auf mit einem Hundchen an der Leine, bleibt vor meinem Schilde stehen und liest es. Jetzt aber in die Vollen! Sekunden nur dauert es und ich stehe draußen, und es ist sicher, daß ich die Frau mit dem Hund vereinnahme, auf der Stelle. Als ich höre, daß dies Dackelchen eine Geschwulst am Bauche hat, kommen mir fast Freudentränen in die Augen. Ich rate zur sofortigen Operation.

«Sie können Ihren Liebling doch nicht mit einem Brustkrebs auf der Straße herumlaufen lassen!»

Sie sieht es ein, das Tierchen ist ihr ein und alles. Trotzdem schaut sie etwas verdutzt, wie ich den Hund ohne Zögern auf den Arm nehme, die Treppe zum «Adler» hinaufeile und ihr von oben noch zurufe, daß sie ihn in einer Stunde wieder abholen kann.

Frösche, es hat geklappt! Schnell witsche ich mit meiner

Beute ins Nebenzimmer. Die Gasträume sind leer, auch die Adlerwirtin ist nirgends auszumachen. Wie ich die Türe schließe, ist mir klar, daß ich jetzt in meinem Operationssaal bin. Nun brauche ich noch eine Operationsschwester. Ich denke an die Lene, das Mädchen aus dem Stall, schaue auch gleich durch ein Fenster hinaus und habe einen Riesendusel. Denn besagtes Kind läuft gerade über den Hof. Den Hund im Arm winke ich sie heran und sage dem erstaunten Mädchen, es solle sich die Hände waschen, unauffällig ins Nebenzimmer schleichen und mir geschwind helfen. Eine von den Bedienungen hätte da sicher nicht mitgemacht, denn das Nebenzimmer ist gewissermaßen das Allerheiligste im «Adler», reserviert für die Honoratioren des Ortes, und muß entsprechend jeden Tag poliert und gewienert werden. Aber die Lene macht mit. Schon huscht sie zur Türe herein, bekommt den Dackel auf den Arm, damit er uns nicht verrät, und ich kann jetzt auf mein Zimmer spurten, die Taschen vollstopfen mit Spritze, Messer und Faden und was sonst noch nötig ist, um dann rasch wieder unten zu erscheinen.

«Hexle», wie die kleine Hündin heißt, hat sich in der Zwischenzeit gut gehalten, es scheint ihr an Lenes Busen ganz gut zu behagen, was leicht zu verstehen ist. Hoffentlich ist der Patient so freundlich und hält auch nachher die Klappe, wenn wir ihn auf den Tisch legen müssen. Denn die Adlerwirtin, das steht fest, würde unser ganzes Operationsteam samt der krebskranken Patientin erbarmungslos hinausfeuern. Also binde ich vorsichtshalber fürs erste die Schnauze zu mit einem alten Gasmaskenband, das unübertroffen stabil und zuverlässig ist. Dann lege ich auf den Tisch am Fenster, wo es am hellsten ist, mein Handtuch vom Zimmer oben, «Hexle» wird daraufgelegt, Lene kapiert sehr schnell, wie man halten muß, und schon beginne ich, mit der Schere die Haare um die Geschwulst abzuschneiden. Dabei taste ich die Geschichte gründlich durch und merke mit Schmunzeln, daß es sich hier um ein sehr schön abgesetztes Adenom handelt, das man nach örtlicher Betäubung sehr leicht mit ein paar Scherenschlägen heraustrennen kann. Alles läuft planmäßig, nur spritzt mir das Blut etwas allzuweit in der Gegend rum und hin auf der Adlerwirtin blankes Inventar. Aber das zählt alles nicht. Hauptsache ist dagegen, daß es der Lene nicht schlecht wird und daß ich schnell und sauber die Wunde wieder zukriege. Aber schon ist auch dies geschehen. Jetzt atmen wir beide erleichtert auf, und ich lasse die noch blutigen Instrumente in eine Tüte und dann in meine Tasche verschwinden. Das Handtuch benütze ich jetzt noch, um das Gröbste an Blutspritzern von Tisch und Stuhl und Boden abzureiben, schlage dann darin die Geschwulst ein, öffne das Fenster zum Hof und lasse es nach draußen hinter die gelbgrünen Weinranken fallen, um es später unbemerkt zu beseitigen.

Lene ist goldrichtig gewesen. Zwar hat sie wiederholt recht ängstlich und blaß gesagt:

«Wenn aber jemand kommt!» doch sonst hielt sie sich tadellos und hat auch später nie etwas davon verraten. Mit dem Hund auf dem Arm steige ich unbemerkt zu meinem Zimmer hinauf, angle die Sachen aus meinen Taschen wie ein Zauberkünstler und fange dann an mit der großen Reinigung. Währenddessen liegt das brave Hundchen auf meinem Bettvorleger und fühlt sich, wie es aussieht, recht wohl.

Jetzt aber runter! Die Stunde ist rum. Nicht daß mir noch das Frauchen auf die Adlerwirtin trifft. Freudenstrahlend beiderseits erfolgt die Übergabe. Das war jetzt endlich mal ein Lichtblick! Meinen Sie nicht auch? Den Operationssaal allerdings sollte ich wechseln, das gebe ich zu. Die Schwester wieder weniger, habe ich das Gefühl. Und was das übrige Drumrum betrifft, das müßte natürlich noch besser werden, von wegen Hygiene und Standesansehen und so.

Tags danach, brennend darauf, den Erfolg von gestern zu wiederholen, hänge ich wieder zum Fenster hinaus, als ich das Telefon läuten höre drinnen im Gang vom «Adler». Ich habe mir schon angewöhnt, diese Schellerei, die sich über den ganzen Tag erstreckt, gar nicht mehr zu beachten, denn jedesmal, wenn ich es getan hatte, war ich enttäuscht worden. Entweder es war die Brauerei oder Geschäftsleute oder die Verwandten von Strickers oder sonst irgendwer, nur für den, der's am nötigsten hätte, kam kein Anruf. So schaue ich auch weiterhin ohne jede Erregung dem Milchfuhrwerk zu, das gerade, beladen mit einigen Dutzend silberglänzenden Kannen, von der Milchsammelstelle Richtung Kreisstadt fährt.

Da ist hinter mir plötzlich Geschrei, und wie ich mich umdrehe, steht die Adlerwirtin in der Türe, fuchtelt mit den Armen und ruft:

«Schnell, schnell, Herr Doktor, sie sollen auf den Grasberg nach Hochdorf kommen, dort hat ein Rind einen Apfel im Hals, es pressiert!»

Sackerdin, mir fährt's durch Mark und Bein! Mit langen Sätzen stürze ich auf den Hof, werfe mich in die Kiste und brause los. Ha, jetzt läuft die Praxis an, denke ich und überschlage schnell mal, was ich dafür verlangen könnte. Täte mir ganz gut, wenn ich wenigstens mal das Frühstück im «Adler» finanzieren könnte mit meiner Tätigkeit.

Auf den Grasberg sind es etwa 20 Minuten zu fahren, und während dieser Zeit lasse ich schnell in meinem Kopfe abspulen, was mir vom Studium her noch in Erinnerung ist bezüglich des Falles Fremdkörper in der Speiseröhre. Nicht daß ich nochmals so blöde dastehe wie bei den Euterwarzen.

Am Gaisbühl bin ich jetzt vorbei, fahre das Hasental entlang, und dann geht's die Serpentinen im Wald hinauf nach Hochdorf. Ich ziehe eine ganz schöne Staubwolke hinter mir her, denn ich fahre, was das 600 ccm-Motorchen hergibt. Überall stehen die Rinder auf der Weide an diesem Sonnentage. Auf der Oberfläche vom Grasberg entlang durchfahre ich Hochdorf, einige Hühner entgehen knapp meinen Rädern, und biege dann kurz vor dem Wannhof nach rechts auf eine Wiese. Am Ende derselben kann ich einige Leute erkennen, die um ein Rind stehen, das sie an einen Baum gebunden haben. Ich presche darauf los wie die Feuerwehr, haue die Bremsen rein und springe auch schon aus dem Wagen. Gleich ran und den Druck der Bauchdecke prüfen, das ist das erste, noch bevor man «Guten Tag» sagt.

«Höchste Eisenbahn» stoße ich hervor, drehe mich zum Auto, um das Schlundrohr zu schnappen, da passiert's. Ich höre einen kurzen starken Hustenstoß, etwas fährt mir an den Fuß, ich blicke hin, und was sehen zwei frustrierte Tierarztaugen?

Einen rosenroten Apfel!

Unschuldig wie ein neugeborenes Kind liegt der mit Hustenantrieb aus dem engen dunklen Halse geflogene neben meinen schwarzen Stiefeln im grünen Gras.

Soll man da weinen oder lachen?

Die Bauern müssen sich das nicht überlegen, sie wiehern direkt vor Vergnügen. Da bleibt mir gar nichts anderes übrig als einfach mitzumachen.

«Die hat uns ja ganz schön zum Narren gehalten!» sage ich grinsend.

«Das stimmt!» antwortet der Tierbesitzer, indem er sich schnell den Apfel greift und hineinbeißt.

«Der hätte mich eine Menge Geld kosten können, das wäre leicht der teuerste Apfel im ganzen Schwipfinger Ländle geworden. Den will ich nur gleich verschwinden lassen!»

Ich weiß natürlich schon, was das heißen soll, auf was der anspielt. Nachher wird er «Vergelt's Gott!» sagen, statt ans Zahlen zu denken. Aber, so überlege ich, wenn schon, jetzt schaust du wenigstens, daß du mit den Kerlen da auf dem Grasberg ein wenig näher in Kontakt kommst. Und so sage ich großzügig:

«Besser hätte es gar nicht kommen können!» und lehne mich zu ihnen an den Zaun. Wenn sie mich etwas näher kenenlernen, ist das sicher kein Fehler, und sie machen dann am Sonntag beim Frühschoppen nach der Kirche ein bißchen Reklame für mich. So denke ich und erkläre ihnen deshalb, daß der Apfel selbstverständlich von mir innerhalb von fünf Minuten ebenfalls herausexpediert worden wäre, wenn nicht der Husten eingesetzt hätte. Ich erzähle ihnen, daß ich dazu ein ganz spezielles Schlundrohr besitze, das aus dem Ausland stammt und mit dessen Hilfe ich solche Fälle im Handumdrehen erledige. Und um sie wirklich auch restlos zu überzeugen, lasse ich sie einen Blick in meine Instrumentenkiste werfen, den sie mit erstaunten Ausrufen quittieren. Da erzähle ich ihnen noch schnell einen Witz, den ich neulich vom Stricker erfahren habe.

«Hört her», beginne ich, «zwei Damen aus der Stadt gingen über eine Wiese. Ein junger Stier, dessen Weide eben diese Wiese war, griff an, und die Damen rannten davon, was das Zeug hielt. Der einen ging aber nach einiger Zeit der Schnaufer aus. Deshalb blieb sie stehen, ergab sich in ihr vermeintliches Schicksal und rief: ‹Lieber ein Kälble kriegen als einen Herzinfarkt!›»

Wie wir uns dann voneinander verabschieden, da schütteln sie mir lachend die Hand, und fast im Chor tönt ihr «Vergelt's Gott, Herr Doktor!»

«Schon gut!» gebe ich zurück, und damit verschwinde ich in meinem Cabriolet und habe mein erstes Gastspiel bei den Hochdorfer Bauern auf dem Grasberg hinter mir.

Im Fahren denke ich, daß sie sicher heute zuerst den Veterinärrat angerufen haben und dann eventuell einen oder mehrere von den anderen Kollegen der Umgebung. Ein unverschämtes Glück muß es fertiggebracht haben, daß allesamt im Augenblick unerreichbar waren, denn sonst hätten sie zu einer solch diffizilen Sache nicht einen Anfänger herzitiert, selbst wenn ihn der Adlerwirt empfohlen hatte. Aber sei es wie es will, in Zukunft jedenfalls rechne ich mir auf dem Grasberg eine bessere Chance aus.

Durch solcherlei Gedanken beflügelt, bummle ich jetzt genüßlich nach Hause. Bevor ich wieder die Serpentinen hinab ins Tal fahre, halte ich an der Westseite des Grasberges, lasse das Auto stehen und setze mich ein Weilchen seitwärts der Straße an einen sonnigen, grünen Rain.

Von einem nahen Acker zieht der Dunst eines Herbstfeuers herbei, und der Geruch verbrennenden Kartoffelkrautes steigt mir angenehm in die Nase. Vor mir liegt in der Nachmittagssonne ein wunderschönes Fleckchen Erde. Unten das Hasental mit seinen ausgedehnten Wiesen, auf denen noch das Öhmd liegt, dann das weite Ackerland um Degersbach und Enderlingen mit den gelben Teppichen der Stoppelfelder. Dahinter erheben sich grüne Waldhügel bis hin zum Horizont, der von den Gipfeln der Kaiserberge gebildet wird. Wenn ich den Blick weiter nach Westen wandern lasse, dann taucht dort drüben der langestreckte, laubbedeckte Hügel des Fressberges auf, an dessen Fuße aus den Baumkulissen der Kirchturm und die Häusergiebel meines Schwipfingen hervorlugen. Wie lieblich ist dieses Bild meiner neuen Heimat! Ein Hauch von tiefempfundener Melancholie streift mein wildes Gemüt. Der Anblick, der Duft des Kartoffelfeuers ... für einen Augenblick bin ich tiefglücklich, atme schwer, spüre den Grasboden, auf dem ich sitze. Aber nur kurz. Entschlossen stehe ich schon wieder auf den Beinen. Ich habe soeben einen Grund mehr gewonnen, mich hier zu behaupten. Überlegungen der Vernunft hatten bei der Auswahl meines Praxisortes im Vordergrund gestanden, jetzt aber, in diesen Minuten hier oben, ist etwas weit Wichtigeres dazugekommen, eine seelische Bindung. Wie wenn man sich verliebt, ist das passiert. Wie wenn man einem schönen Mädchen begegnet und sein Herz in Sekundenschnelle an sie verliert, so war das eben.

Ich werde mich festbeißen hier, das steht fest, und keine zehn Pferde können mich wieder von diesem Schwipfinger Ländle fortbringen!

Noch einmal schnuppere ich den Duft des Feuers, den ein leichtes Lüftchen herbeiweht, dann steige ich in mein kleines Gefährt und brumme eilig wieder meinem Standquartier zu, damit ich nichts versäume.

2. Kapitel
Lenchen

Nun bin ich bereits eine volle Woche Schwipfingens neuer Tierarzt. Aber auf mehr als einen Patienten pro Tag habe ich es noch nicht gebracht. Das ist ein recht kümmerliches Resultat, zumal wenn man bedenkt, daß allein zwei Fälle davon bei Strickers waren. Ich habe jetzt auch in Erfahrung gebracht, daß ein Kollege aus Weilingen namens Dr. Werner Habicht im «Lamm», einer Wirtschaft, die keine hundert Meter vom «Adler» entfernt ist, zweimal in der Woche Sprechtag abhält. Wie man mir berichtet, kommt er dazu jedesmal im weißen Mantel und mit Krawatte angefahren. Das macht natürlich Eindruck! Wenn ich so vergleichsweise an mir hinunterschaue, stelle ich da einen recht bedauerlichen Kontrast fest. Denn ich trage meine alten, umgearbeiteten Militärklamotten und ein verwaschenes Hemd mit offenem Kragen. Aber abgesehen einmal davon, daß ich gar nichts anderes habe, ist mir auch eine instinktive Abneigung gegen Kerls zu eigen, die derart geschniegelt und pomadisiert herumstolzieren. Und sagen Sie, passen denn so piekfeine Sachen aufs Land und in die Kuhställe?

So erfahre ich also peu à peu, wie die Aktien stehen. Der Veterinärrat, der Kollege mit dem weißen Mantel und der Schweineschneider von Schwäbisch Hall, die drei machen das Rennen hier am Ort. Aber wartet, nicht mehr lange! Ich, Veith Pfeffer, werde euch hinauspfeffern!

Im «Adler» habe ich mich jetzt sagenhaft eingelebt. Ich glaube, für die Strickers bin ich bald sowas wie ein Sohn. Der ihrige, vom gleichen Jahrgang wie ich, ist gefallen. Wie sich herausstellt, gefallen drunten im Kaukasus, in den Wäldern am Pschisch, als Soldat bei der 101. Jägerdivision, der auch ich in den Oktobertagen des Jahres 1942 angehörte.

So verzeiht man mir allmählich meine Schwächen, deren ich, wie ich sehr wohl weiß, eine beträchtliche Portion besitze.

Wenn ich die Bilanz der ersten Woche ziehe, darf ich natürlich meine täglichen «Kontrollgänge» durch Strickers Stallungen nicht unterschlagen. Sie finden äußerst pünktlich statt, weil sich hierbei vollkommen harmlose Gelegenheiten bieten, mich einem gewissen Krankenschwesterchen zu widmen. Ich gebe zu, es sieht schon alles nicht mehr ganz so trostlos aus wie zu Anfang.

Nun schreibt man schon Oktober. Die Wälder haben in den letzten kalten Nächten begonnen, ihr buntes Herbstkleid anzulegen. Vor den Bauernhäusern sieht man Obstkisten stehen und gefüllte Kartoffelsäcke. Die Mostereien haben ihre große Zeit, und auf den Stoppelfeldern ziehen die Pflüge ihre Furchen. Wie nicht schwer zu vermuten ist, sitze ich im Augenblick wieder neben meiner Frau Stricker, höre die Geräusche der Mangel und trinke mein Bier. Ab und zu erzählt mir die Wirtin aus der Ortschronik, und so kenne ich schon eine ganze Reihe von Familiengeschichten und Schicksalen, was Schwipfingen betrifft und seine umliegenden Ortschaften. Da stürzt plötzlich ein Landwirt herein in die beschaulich stille Wirtsstube und schreit:

«Der Doktor, schnell, der Tierarzt, er soll kommen, meine Kuh verreckt!» Und schon hat er auf dem Absatz wieder kehrt gemacht, rast zur Tür hinaus und die Treppen hinunter und ich hinterdrein. So schnell bin ich mein Lebtag noch nicht von einem Wirtshaustisch hochgekommen! Wie hieß es doch beim Militär so treffend? «Wohl die Hälfte seines Lebens wartet der Soldat vergebens – aber dann pressiert's!» Genauso hat's ein neugebackener Tierarzt auch, oder vielleicht nicht? Wir rennen nur drei Häuser weiter, dann biegen wir in einen Hofraum ein und stehen kurz darauf im Stall. Der ist ein kleines Kabüffchen, wo gerade drei Tiere Platz haben, und er steht dazuhin noch so voll von Leuten, daß man sich zuerst durchdrücken muß, bis man etwas zu sehen bekommt. Der halbe Ort scheint hier herumzustehen und zu glotzen.

«Weg!» schreie ich, trete heran und sehe eine Kuh auf der Seite liegen, den Körper zum Platzen aufgetrieben, die Beine steif in die Luft streckend.

«Die ist ja schon tot!» brülle ich, springe mit einem Satz über die Hinterbeine hinweg und lege meinen Kopf an die Stelle hinter dem Ellbogen, wo man den Herzschlag am deutlichsten hört.

«Nichts, keinen Ton mehr!» Vorwurfsvoll schaue ich mir die schweigende Versammlung an und warte auch keinen Moment mit meiner Strafpredigt.

«Ihr habt scheint's Geld wie Dreck! Eine Kuh verrecken lassen, wo keine fünfzig Meter weiter ein Tierarzt wohnt! Und jetzt wo sie tot ist, da kommt ihr angerannt und schreit: ‹Schnell, schnell!› Soll ich sie etwa wieder zum Leben erwecken? Oder was erwartet ihr von mir? Bin ich ein Pfarrer, soll ich den Leichnam absegnen, oder bin ich der Leichenschauer, braucht ihr etwa einen Totenschein? Vor einer Stunde schon hättet ihr kommen müssen, dann würde sie jetzt noch leben! Wenn ein Tierarzt diesen Fall einer Blähung beizeiten in die Hand nimmt, kann sowas nicht vorkommen!» beende ich meine Anklage. Während dieser Worte blicken die Kerls teils betreten, teils finster drein, und wie ich zuende bin, schaut mir ein großer, starker Mensch mit Lederschurz und blauem Arbeitskittel, vermutlich der Schmied, frech ins Gesicht und sagt provozierend:

«Da sind wir nicht so sicher. Zu Leuten, die gerade von der Schule kommen, haben wir kein großes Vertrauen! Was hätten denn Sie da machen wollen!»

Je o je, das hätte nicht kommen dürfen. Daß ich diesem Burschen nicht augenblicklich an die Gurgel springe, ist alles. Blitzschnell trete ich auf ihn zu, das Gebiß klappert mir vor Erregung, und auf eine Distanz von fünfzig Zentimetern bohren sich meine Augen in die seinen. So stehen wir wohl zehn Sekunden, und es ist still in dem Ställchen mit den vielen Leuten, wie in einer Kirche. Dann senkt der Mann vor mir seinen Blick und sagt leise: «Entschuldigung!» Die Spannung löst sich, ich klopfe ihm auf die Schulter «Schon gut!»

Das hätte ich mir nicht zugetraut, wo ich doch so eine saubere Rechte schlage. Aber im Hintergrunde ist sicher der Gedanke wirksam gewesen, du mußt dir eine Praxis aufbauen, du mußt Freunde erwerben, nicht Feinde.

Nun also, nachdem die ganze Mannschaft recht bescheiden aus der Wäsche schaut, ist es Zeit, auf weiche Welle zu gehen.

«Ich will euch nun mal in aller Ruhe erklären, was ich in diesem Falle unternommen hätte, dann könnt ihr euch selbst ein Bild machen.»

So spreche ich zu ihnen, und wie eine weitere halbe Stunde rum ist, habe ich ihnen mein Spezialschlundrohr gezeigt und meinen Trokar, und alle haben einen Blick in meine große Instrumentenkiste werfen dürfen, und sie nikken da und dort mit den Köpfen. Wenn sie auch nicht überzeugt sind, so haben sie nun doch erfahren, daß der neue Tierarzt bei geblähten Tieren eine Menge guter Möglichkeiten auf Lager hat.

Bevor ich gehe, gebe ich noch jedem die Hand und sage zum Tierbesitzer, daß ich für ihn vom «Adler» aus die Tierkörperbeseitigungsanstalt anrufen werde, damit die Kuh abgeholt wird.

Auf dem Heimweg denke ich, daß es wohl noch manches Hühnchen zu rupfen geben wird, bis ich die Bauern dieser Gegend da alle mal in meiner Kartei stehen haben werde. Jedenfalls aber, heute war's ein Erfolg! Zwar keinen Pfennig verdient, keinem einzigen Patienten geholfen, aber trotzdem, ein Erfolg. Doch so, wie ich die Sache im Augenblick gedeichselt habe mit dem Schmied und den anderen Klienten, so bleibt sie nicht. Dafür sorgt der beamtete Tropf aus der Kreisstadt, wie ich despektierlich den Veterinärrat nenne.

Er, durch seinen Meisterspion «Reschpektive» benachrichtigt, erscheint alsbald auf der Bildfläche und verführt, wie mir zugetragen wird, ein Mordslamento. Diese Kuh hätte man doch noch ausschlachten können, der habe ja gar nichts gefehlt! Welcher Dummkopf doch das wertvolle Fleisch habe in die Tierkörperbeseitigungsanstalt abtransportieren lassen zur Verbrennung! Aber dem örtlichen Viehversicherungsverein geschehe es ganz recht, wenn er jetzt die Kuh ersetzen müsse, denn man hole auch nicht einen so jungen und unerfahrenen Menschen zu einer Tätigkeit, für die nur er allein zuständig sei. Und das sollten sie sich ein für allemal hinter die Ohren schreiben!

Wie ich das zu hören kriege, hänge ich zwei Minuten später bereits wutzitternd am Telefon.

«Nach § 32/ABA des Fleischbeschaugesetzes sind verendete Tiere untauglich zum menschlichen Genuß!» schreie ich in den Hörer hinein. Er habe nie etwas anderes behauptet, kontert er kühl, und im übrigen verbitte er sich solche unqualifizierten Anrufe. Hier in seinem Kreise herrsche Ordnung, und das werde auch weiterhin so bleiben, und wenn ich mich auf den Kopf stelle.

Ob einer solchen Gemeinheit bleibt mir die Luft weg. Ich haue den Hörer auf die Gabel, daß er einen Sprung bekommt. Schon suche ich die Nummer seiner übergeordneten Dienststelle in Stuttgart. Lange ist's belegt. Dann meldet sich der betreffende Herr, und mir kommt es vor, wie wenn er bereits orientiert sei, denn er macht mich ganz schön zur Minna. Der Kreis sei bekannt für sein vorbildliches Funktionieren, und der Regierungsveterinärrat sei einer der angesehensten Beamten des ganzen Landes. Ich solle Zeugen benennen für meine Anschuldigungen und dann die Sache schriftlich einreichen.

Mahlzeit! Wo soll ich Zeugen hernehmen in Schwipfingen, wo doch praktisch alle unter der Herrschaft meines Gegners stehen; Zeugen gegen den Alleinherrscher, nein, das kann ich mir aus dem Kopf schlagen! Vermutlich sind das auch noch seine Bundesbrüder, die da in Stuttgart etwas zu sagen haben, dann ist es vollends aussichtslos. Also Strich drunter. Auch das neue Gebirge, das sich in Form einer Vetterleswirtschaft bis hoch hinauf an den veterinärmedizinischen Himmel vor mir aufgebaut hat, wird mich nicht zur Umkehr zwingen. Im Gegenteil, jetzt geht's erst recht ran!

Zunächst aber vertilge ich zur Stabilisierung meiner Gemütslage eine gehörige Portion Stadtratslippen, anderwärts auch Ochsenmaulsalat genannt, mit viel Zwiebeln dran und Pfeffer und Essig. Dazu lasse ich mir verschiedene Ranken vom knusprigbraunen Holzbackofenbrot schmekken, und so wird auch diese Affäre von dem Phänomen lustvoller Nahrungsaufnahme bezwungen, und ich bin dabei, mich wieder dem seelischen Gleichgewicht der Gesättigten zu nähern.

Ein paar Tage später tut sich folgendes:

Strickers Bruder in Enderlingen hat hundert Legehennen. Aber heute morgen liegen, wie man hört, fünf davon tot am Boden. Die Bäuerin, zu deren Arbeitsbereich der Hühnerstall gehört, ist leichenblaß, denn ihr schwant nichts Gutes. Schnell ruft sie auch sogleich im «Adler» an, und ich werde zur Sache vernommen. Und da ist nun allerdings eines nicht zu leugnen. Wenn ich auch in vielem, was die Praxis anlangt, ganz schön ins Schleudern komme, was die Diagnose von Hühnerkrankheiten anbetrifft, da bin ich durch. Da hatten wir an der Uni eine erstklassige Professorin, die allwöchentlich für kleine Gruppen Sektionskurse abhielt, die spannend waren und mein Interesse weckten. Und Anschaungsmaterial, sprich verendete Hühner, die gab es auch gleich in der Nachkriegszeit genug.

Also ist klar, hier kann ich sofort und kompetent Rede und Antwort stehen. Auch kann ich da hinfahren ohne mein Buch! Ich tue es nämlich alsogleich, wie ich höre, daß die Hennen auf den Stangen sitzen und so einen komischen

Gesang anstimmen. Nach Enderlingen ist es nicht weit. Man fährt zuerst ein Stück am Wiesenbach entlang, schwenkt dort, wo der Fressberg aufhört, nach links ab und fährt dann zwischen weiten Feldern geradewegs auf den Ort zu, hinter dem man in der Ferne den Rechberg mit seiner Burgruine und seiner Kirche erblickt.

Jetzt stehen wir, das heißt die Strickers von Enderlingen und ich, vor dem weißgetünchten Hühnerhaus und schauen durch ein Gitterfenster hinein. Tatsächlich, sie sitzen fast alle auf den Stangen und ich höre sie singen.

«Das ist der Chor der Engel» sage ich, «bald werden sie alle sterben! Schauen Sie, da, die auf der dritten Stange von hinten, die hat bereits einen dunkelblauen Kamm. Es wird gar nicht mehr lange dauern, bis sie herunterfällt! Geflügelpest heißt man das, und zwar ist es vermutlich eine Abart davon, die man Newcastle Disease nennt. Kommen Sie, wir werden die bereits Verendeten sezieren, dann haben wir es hundertprozentig.»

Die Bäuerin tritt in den Stall und greift sich zwei von den Toten, die am Boden liegen.

«Eine Schere benötige ich, Frau Stricker!» sage ich, «und dann gehen wir in die Küche an den Ablauf!»

Zwei, drei Scherenschläge folgen, ich klappe das Brustbein zurück, ziehe die Mägen heraus und öffne sie. Und da haben wir schon die ganze Tragik.

«Sehen Sie» erkläre ich den Strickers, «hier an den Wandungen des Vormagens sind Blutungen. Das ist typisch für Hühnerpest, da gibt's nicht den geringsten Zweifel! Da aber diese Krankheit eine Seuche ist und für eine solche nur der Regierungsveterinärrat Zuständigkeit besitzt, müssen Sie jetzt, so leid mir's tut, diesen möglichst schnell zuziehen. Die ganze Entschädigung für verendete Tiere, sowie die staatlichen Maßnahmen gegen die Ausbreitung, wie die Verbrennung verendeter Tiere und Schutzimpfung von gesunden Beständen, sind allein seine Domäne.»

So verlasse ich die singenden Hennen von Enderlingen im

Bewußtsein, wenigstens diagnostisch mich bewährt zu haben, was allein schon befriedigt in meiner Situation. Aber wiederum gibt es einen Rückschlag. Denn schon um die Mittagszeit erreichte den «Adler» in Schwipfingen ein entrüsteter Anruf. Keine Geflügelpest! Der Veterinärrat war da und hat eine Eiweißüberfütterung konstatiert! Außerdem ließ er niemand darüber im Unklaren, daß die jungen Marschierer von heutzutage keinen blassen Dunst verstehen. Eiweißüberfütterung und damit basta!

Aber im Laufe des Tages fallen bei den Strickers nochmal zwei Hühner von den Stangen und am nächsten Tag hört man, daß in drei weiteren Nachbargehöften ebenfalls einzelne Hühner verenden. Aber ich mache es diesmal anders. Ich laufe nicht Sturm, obwohl es mich bedeutend juckt. Ich lasse die Sache schmoren. Aus Erfahrung weiß ich, daß beinahe die ganze alte Garde der Tierärzte, zu der auch meine Kreishornisse zu rechnen ist, die Einstellung besitzt, daß Tiere, die nicht mindestens die Größe eines Kalbes aufweisen, unter ihrer Würde sind und man sich mit ihnen, wenn man standesgemäß sich verhalten will, nicht befaßt. Dementsprechend sind natürlich auch keine Fachkenntnisse vorauszusetzen. Also gut. Die Bauern in Enderlingen murren zwar, aber aufzubegehren wagt keiner. So hat der Alte seine Leute gezogen! Allen Respekt, ist man fast versucht zu sagen. Schließlich aber sind achtzig Hühner tot, und da endlich wird ein Tier ans Untersuchungsamt eingeschickt zwecks Diagnosestellung. Nun geht's natürlich Schlag auf Schlag. Alarm, Alarm, Alarm! Tote verbrennen, Ställe desinfiszieren, staatliche Schutzimpfungen, Warnschilder an den Ortseingängen, Bekanntmachungen in den Tageszeitungen und vieles mehr. Ha, jetzt habe ich ihn, den Veterinär. Eine Seuche nicht erkennen, eine Fehldiagnose stellen mit dem Endresultat von 20 verseuchten Hühnerhaltungen, große Entschädigungssummen und Impfkosten, das sollte auch in Stuttgart zählen! Aber nichts geschieht. Alles verläuft im Sande. Langsam wird mir klar, daß dieser schlaue

Bursche sich eine respektable Rückendeckung aufgebaut hat, gegen die frontal anzurennen sinnlos ist. Nur die betroffenen Bauern mit ihren ruinierten Hühnerbeständen, die habe ich jetzt natürlich auf meiner Seite, das steht fest. Die sind nicht mehr gut zu sprechen auf den Veterinärrat.

Leider passiert mir auch da noch eine recht dumme Geschichte. Im Verlaufe des Seuchenzuges in Enderlingen werden dort alle Bestände ohne Kosten für den Besitzer vom Staate durchgeimpft, was selbstverständlich mein Widersacher höchst eigenhändig besorgt. Aber in den Nachbargemeinden gibt es auch einzelne Geflügelhalter, die impfen lassen wollen, weil sie ein Überspringen der Viruskrankheit für durchaus möglich halten. Diese Leute müssen das dann privat arrangieren und auch bezahlen.

So stehe ich also eines Tages in einem Hühnerställchen, einen Meter breit und drei Meter lang, und atme den Staub von dreißig herumschwirrenden Hennen ein, den sie aufwirbeln, wenn zwei Personen laufend nach ihnen greifen und haschen, um sie hernach zur Impfung herzureichen. Zuerst erkläre ich den Leutchen, wie ich das haben will:

«Wer eine geschnappt hat, hält mit der einen Hand beide Beine, mit der anderen die Flügel beim Ansatz am Körper. Dann wird das Huhn so gedreht, daß die Unterseite nach oben zeigt. Jetzt kann ich den Impfstoff in den Brustmuskel spritzen und anschließend wird das Tier zum Ausschlupfloch hinausgeschoben ins Freie, damit wir keine zweimal spritzen!»

«Alles kapiert!» spricht der Gerber Löbelenz, denn dem gehören sie, und wir beginnen. Es läuft wie am Schnürchen. Als wir jedoch so etwa ein Dutzend haben, meint die Frau vom Löbelenz erstaunt:

«Nanu, was ist denn das? Das Ausschlupfloch ist verstopft, ich kann keine mehr rausschieben!»

Da ich gerade an der Türe stehe, mache ich auf und schaue hinaus. Ein großer dichter Haufen Hühner liegt vor dem Ausschlupf hingestapelt. Alle zwölf, alle Geimpften, alle. Und sie sind tot, mausetot, und keinen Mucks machen sie mehr! Schock ist gar kein Ausdruck für den Zustand dieses Erkennens. Aber länger als die Ewigkeit einer einzigen deprimierenden Sekunde darf meine Konsternierung nicht dauern, soviel weiß ich schon. Also stoppe ich sofort die ganze Aktion und rede wie folgt.

«Zweifelsohne liegt das am Impfstoff! Sie werden schon morgen eine großzügige Entschädigung erhalten, dazuhin einen neuen Impfstoff. Das lassen wir uns nicht bieten. Noch in dieser Stunde werde ich telefonisch reklamieren!»

Ich bin die Empörung in Person, aber ich habe das Gefühl, daß die Leute mir nur halb glauben. Ohne Vertrauen ist es eben verdammt schwer, das merke ich Tag für Tag. Ich trete deshalb trotz allem sehr selbstbewußt auf und betone, daß ich morgen wieder da sein werde mit der Entschädigung und mit dem Impfstoff. Von wo ich das Geld nehmen soll für diese Hühner, das weiß ich zwar im Augenblick in keinster Weise, aber die Geschichte muß schnell und restlos vom Tisch. Anders läßt sich das nicht machen. Zwei von den Gekillten nehme ich mit, denn ich muß mir zuerst selbst Klarheit verschaffen über diesen kuriosen Vorgang.

In der Waschküche vom «Adler» schneide ich sie auf. Einstichstelle o.k. konstatiere ich. Stichkanal verfolgen ... au wei, da haben wir's schon. Viel zu steil war die Nadel in den Brustmuskel eingedrungen und hatte dadurch ihren weiteren Weg durch das butterweiche Brustbein hindurch in die Leber nehmen können, die leider dort direkt anliegt. Gar kein Zweifel, die mußte eingehen. Wenn man statt in den Muskel ins Lebergewebe injiziert, dann tritt augenblicklich der Tod ein. Die Nadel hätte flach, fast parallel zur Haut eingestochen werden müssen. Bei der zweiten Henne finde ich genau dasselbe Bild vor. Also bin ich selbst schuldig und nicht der Impfstoff. Aber dies auszuposaunen wäre in meiner derzeitigen Situation der reine Selbstmord. Schlimm genug, daß der Hennenmann bereits überall von seinem Unglück herumquatscht und ich natürlich keine weiteren mehr zu impfen kriege.

Am nächsten Tag bringe ich die Entschädigung von der «Arzneifirma». Geliehenes Lehrgeld, nie werde ich dich vergessen! Wenn man noch nicht einmal sein tägliches Brot verdienen kann und schon soll man zwölf Legerinnen ersetzen! Jedoch, dies Geld war gut an gelegt. Nie mehr in meinem Leben habe ich sorglos in einen Tierkörper eingestochen, und bei vielen Tausenden von Injektionen ist kein einzigesmal mehr etwas passiert.

Selbstredend hat dieses Desaster auch noch andere Folgen. Nachdem mir nämlich die Bitternis meiner Fehlleistung genügend hartnäckig zugesetzt hat, gerate ich unaufhaltsam in den Sog meiner Freßwut, welche dann die Vertilgung einer unvergleichlich großen Schlachtplatte erforderlich macht. Der Adlerwirt sagt, es sei für drei Personen! Obwohl, Schlachtplatten esse ich auch gerne, wenn kein besonderer Anlaß dazu besteht. Den Untergrund einer solchen Spezialität, das mehrfach vorgewärmte Sauerkraut, kann ich unbegrenzt in mich aufnehmen. Er ist wie ein Gebetsteppich, auf dem goldene Heiligtümer ausgebreitet liegen: Blut- und Leberwürste, Kesselfleisch, ein Stückchen Herz, ein Stückchen Ohr. Ich kann niemand sagen, wie gut mir das alles schmeckt. Wissen Sie, man ißt dazu Bauernbrot und man trinkt ein Kühles vom Faß und zwischendurch, so alle Viertelstunde, ein Zwetschgenwasser oder einen Kirsch.

Wenn man jung ist, hat man aber nicht nur einen gesunden Appetit, sondern man springt auch leichten Fußes durch die Welt, leichtfüßig auch über gewisse Zäune der Moral, besonders wenn es sich um Dinge handelt, die aus den geheimnisvollen Tiefen hormonellen Geschehens stammen.

Niemand wird wohl im Ernst angenommen haben, daß ich bei meinen täglichen Kontrollgängen durch Strickers Ställe mit Lenchen mich über die Milchleistung der einzelnen Kühe oder über die verschiedene Freßlust der Pferde unterhalte. Wir haben ganz anderes zu tun. Denn wie Feuerfunken tanzen Küsse zwischen uns und wie junger Wein prickeln unsere Liebkosungen. Dazuhin steigt von Lenchens Haut ein Duft auf, der jedesmal wie eine Zaubermacht über mich herfällt, und gegen ihn hilft alles nichts, da klappt mir das Messer in der Tasche auf. Sind Sie im Bilde?

Heute ist ein Regentag, der praxismäßig sich ganz ordentlich angelassen hat. Zwei Trächtigkeitskontrollen waren am Vormittag gewesen und ein krankes Schwein. So marschiere ich denn nach dem Essen frohgemut, beschwingt und heiter rüber zu den Stallungen, um mir mal wieder die Zwillingskälber anzuschauen, wie ich zum Stricker sage. Pfeifend und leichten Schrittes verschwinde ich hinter der großen verbergenden Stalltüre. Gleich eilt mein Blick die Stallgasse und den Futtertisch entlang, aber Lenchen ist nicht zu sehen. Doch wie die Türe ins Schloß fällt, erscheint ein rotfarbenes Kopftuch hinten beim Jungtierstall und braune Mädchenaugen blicken um die Ecke. Schon springen wir aufeinander zu. Das herzliebe Wesen im Arm drehe ich mich im Kreise, so daß die Kühe aufspringen und die Bullen den Boden scharren und die Strohhalme fliegen.

Dann eilen wir zu unserer Treppe draußen in der Scheune, die senkrecht an der Wand emporführt, hinauf auf den Heuboden, zur Lagerstätte des Heuvorrates für den Winter. Hier oben ist unser kleines Paradies. Mit seinem beschützenden Halblicht scheint es wie geschaffen für Liebende. Am hellichten Tage genießen wir hier das mystische Dunkel einer Liebesnacht, und unser Bett ist so weich und so groß, wie selbst ein König es niemals haben kann. Und noch etwas Außergewöhnliches haben wir hier oben: Das Kumarin, den unvergleichlichen Wohlgeruch von frischgetrocknetem Heu! Keine Frage also, daß mein Schatz und ich uns hier wohler fühlen als irgendwo sonst auf dieser Welt. Keine Frage auch, daß mein warmblütiges Mädchen und sein Liebhaber sich recht munter tummeln in diesen Pfühlen aus Heu, auf diesem Linnen aus Blumen und Gras. Unter den kurzen, spitzen Schreien Lenes wälzen wir uns mal nach da und mal nach dort. Dabei schwindet für uns die Umwelt dahin, und unsere Sinne verlieren sich in den großen bunten Zauberländern der Gefühle. Plötzlich, urplötzlich, in heißer Liebeshast dahinrollend, stürzen wir über den Rand, stürzen wir engumschlungen in die Tiefe.

Vielleicht kennen Sie dieses Gefühl, wenn nicht, so lassen Sie sich sagen, es ist das Scheußlichste, das man sich vorstellen kann. Denn auf so eine hinterhältige Absicht des Schicksals ist man in solchen Augenblicken nicht im mindesten gefaßt. Doch Amor, der kleine Gott der Liebenden, dessen schnellen Pfeilen wir erlagen, hat Mitleid mit uns und eilt zu Hilfe. Vier Meter uns in diesem Zustande herabfallen zu lassen auf einen betonierten Scheunenboden, das widerspricht allen Gebräuchlichkeiten, das weiß er. Daher schiebt er ganz geschwinde den grasbeladenen Futterwagen herbei, der uns vor dem Übelsten bewahren wird. So beziehe ich, mein Mädchen im Arme, nur eine breite Schramme an der Stirne, während es Lenchen leider härter trifft, denn sie schlägt mit dem Hinterkopf auf. Schnell bringe ich unsere Kleidung in Ordnung, springe vom Wagen herunter und ziehe Lene, die noch ganz benommen ist, nach. Ich setze sie auf einen Strohballen an die Wand und hole Wasser. Sacht kühle ich ihr armes Köpfchen. Dann, als sie wieder stehen kann, stäuben wir das Heu von unseren Haaren und Kleidern, und ich sage ihr, daß ich jetzt zu meinem Wagen gehe, um eine Reparatur vorzutäuschen. Später werde ich dann reinkommen in den «Adler» und erklären, daß ich mich an der geöffneten Motorhaube verletzt habe. Sie selbst solle sich ein Kopftuch umbinden, damit man die Beule nicht sieht. Eng umschlungen stehen wir noch zwei, drei Minuten und sprechen kein Wort. Dann eile ich hinaus.

Lene ist ein braves Mädchen und sie hält sich genau an das, was ich gesagt habe. Aber am Abend beim Melken wird's ihr schwindelig, und man bringt sie zu Bett. Dabei entdeckt man die große Beule an ihrem Hinterkopf. Lenchen sagt zwar, daß sie einen Hornstoß erhalten hat von einer Nebenkuh, aber die Adlerwirtin, die schon immer etwas argwöhnisch hinter mir hergeblickt hat, wenn ich zu den Ställen ging, scheint Witterung bekommen zu haben. Forschend durchstreift sie daher ihr Revier, und wie ich ihr dann beim Nachtessen unter die Augen komme mit der Schramme von der angeblichen Autosache, da reimt sie sich schneller als man es so einer ältlichen Dame zutrauen würde die Umstände zusammen. Wirtinnen, das habe ich herausgebracht im Laufe der Zeit, sind in allen menschlichen Bereichen beachtlich informiert und durchschauen Dinge, die man nicht für möglich hält. Jedenfalls, die Strickerin nimmt sich das arme geplagte Lenchen nochmals gehörig vor und, wie ich zu hören kriege, quetscht diese alte hartnäckige Nudel solange, bis sie alles erfährt. Die Folgen sind katastrophal.

Am gleichen Abend noch wird mir mein Zimmer gekündigt. Die Adlerwirtin würdigt mich keines Blickes mehr. Nun bin ich von Gott und der Welt verlassen. Mein einziger Halt in dieser schwierigen Anfangsphase wird mir unter dem Hintern weggezogen. Nicht genug, daß ich nach allen Seiten kämpfen muß, daß ich nicht einmal mein tägliches Brot verdienen kann, daß ringsum nur feindliches Neuland sich breitet, jetzt verliere ich auch noch meine Ausgangsbasis.

Ich merke, daß meine Niederlassung in Schwipfingen keine meiner besten Ideen war.

Ernstlich betrübt spreche ich mit Stricker. Der aber zuckt nur mit den Achseln, denn bei solchen Entscheidungen seiner Frau hat er nichts zu melden.

Dagegen aber weiß er, damit ich wenigstens nicht ganz auf der Straße sitze, ein Haus, wo ich hinziehen kann. Es ist anscheinend drunten in der Birnengasse direkt am Wiesenbach, und gehört einer älteren Witwe, die mit Strickers noch entfernt verwandt ist.

Trotzdem, ich kann Ihnen gar nicht sagen, wie mich das

alles ankotzt. Was ist das doch für eine Welt! Um Liebe, direkte Nächstenliebe zu praktizieren, muß man sich verstecken. Verunglückt man dabei, schleppen sie einen an den Pranger der Unmoral. Das Beste, was ein Mensch tun kann, lieben, wird zum Gegenteil erklärt. Das ist doch der Abschuß! Das ist Neid mit Heiligenschein! Und obendrein ist das eine ganz gemeine Einmischung in das Privatleben anderer. Das habe ich gerne!

Aber es nützt ja nichts, was ich da vor mich hin bruttle. In der Nacht stehle ich in einem Garten der Nachbarschaft eine dunkelrote Rose und sorge dafür, daß sie auf Lenchens Zimmer geschmuggelt wird. Eine schwere Gehirnerschütterung hat der Arzt festgestellt. Die Arme, die Ärmste, wie es ihr zumute sein wird. Ich kriege eine Sauwut in meinem Bauch, und ich könnte die Strickerin zerreißen zu Tausenden von wasserbeinigen Fetzen!

Schon am nächsten Morgen heißt es ausziehen. Mir ist so übel, daß ich mich nicht einmal in meinen Freßwahn flüchten kann. Leer gehe ich, leer im Kopf und leer im Magen, ein Ausgestoßener, ein Verdammter.

3. Kapitel

Die Oberin und Iris

Ich bin nach Schwipfingen gekommen, um eine Praxis zu gründen, aber ich habe mir das etwas einfacher vorgestellt, das dürfen Sie mir glauben.

Mein Praxisschild, einstmals an der Hauptstraße, in der Ortsmitte, am angesehenen «Adler», hängt jetzt am Stadtrand in einer unbekannten Seitengasse, ganz unten am Wiesenbach, sozusagen am Ende der Welt. Wer soll da noch auf mich aufmerksam werden, wer soll da überhaupt hinfinden!

Und dann war ich ja bereits verschrien genug als Nichtskönner von des Obmanns Kuh her, muß da auch noch die Kunde meines Zusammenseins mit einer Magd wie ein Lauffeuer durch den Ort eilen? Mit Abscheu hören die Bäuerinnen von meiner «Schandtat», und sie beschwören ihre Männer, einen solchen Unhold ja nicht auf den Hof zu lassen. Auch die ganze große Strickerverwandtschaft, bei der ich seither hauptsächlich beschäftigt war, ist entsprechend verunsichert und zurückhaltend.

So schaue ich ganz schön in den Mond, da draußen in meiner Birnengasse.

Aber das ist ja nur das Geschäftliche. Leider habe ich auch auf dem seelischen Sektor Betrübliches zu vermelden, denn ich lebe in Kummer um Lenchen. Ihr älterer Bruder war angereist gekommen, und man hat mir berichtet, daß er seine Schwester mitgenommen habe, heim auf den Hof im Bayrischen. Sie soll dort so schnell wie möglich unter die Haube gebracht werden. Vielleicht taxieren Sie jetzt, daß das für den Veith Pfeffer gar nicht besser hätte laufen können, aber ich sage Ihnen, es schlaucht mich, es schlaucht mich echt. Wirklich!

Und um das Maß der bitteren Bitternisse voll zu machen,

die über mich hereingebrochen sind, hat mir meine Verbannung aus dem «Adler» auch noch den Entzug des «Augustiner» eingebracht, was ich wie einen körperlichen Schmerz empfinde. Zwar sitze ich ab und zu in den anderen Wirtschaften herum und probiere mal diesen, mal jenen Stoff, aber es schmeckt mir nicht, es kommt mir alles wässerig und fad vor.

In dieser Zeit des Niederganges bringt der Postbote einen Brief aus der Stadt München. Erstaunt blicke ich auf die Absenderadresse: «Institut für Geburtshilfe der tierärztlichen Fakultät». Erstaunter noch werde ich beim Lesen des Inhaltes, denn da wird mir per sofort eine Assistentenstelle beim weitbekannten leitenden Professor angeboten.

«Donnerwetter!» denke ich, hatte zwar beim Staatsexamen eine Eins in Geburtshilfe und Gynäkologie, verfüge auch über einen bescheidenen heißen Draht zur Uni, aber an so etwas denkt doch keiner.» Eine außergewöhnlichere Überraschung ist für einen Tierarzt kaum denkbar, erst recht nicht für einen solchen kümmerlichen Nobody, wie ich einer bin.

Was würden Sie mir vorschlagen? Ich würde in München ein gutes, festes Gehalt beziehen, würde hautnah neben einem berühmten Professor arbeiten, hätte dadurch die Möglichkeit, ein bedeutendes Wissen und Können zu erwerben und könnte später selbst die wissenschaftliche Laufbahn einschlagen und Dozent werden. Und das alles in der schönen und amüsanten Weltstadt an der Isar, wo einen, das darf man nicht vergessen, das gute Münchner Bier auf Schritt und Tritt begleitet.

Sie haben recht, der Fall liegt klar! Besser kann ich es gar nie bekommen! Was also zögere ich noch?

Hm, wissen Sie, ich werde Ihnen was sagen: Ich bin saublöde! Denn diese einmalige und von Hunderten ersehnte Chance werde ich ungenutzt an mir vorüberziehen lassen. Ich Dummkopf werde hierbleiben, werde verharren in meiner aussichtslosen Lage und werde noch Jahre am

Hungertuch nagen. Auch weiterhin werde ich in den schmutzigen Ställen herumkriechen und werde die Tiere behandeln von Menschen, die mich mit mißtrauischen und feindlichen Augen betrachten. Ich werde Blut und Mist an den Kleidern haben und nicht so fein umhergehen, wie die Kollegen am Institut. Aber dafür kann ich dieses schöne Land hier vor dem Albtrauf meine Heimat heißen, werde nicht in einem Häusermeer verschwinden, sondern dort wohnen, wo man das Gackern der Hühner und das Blöken der Schafe hört, dort, wo der Wind über die Äcker streicht und wo die Bäume rauschen. Ich habe meinen Blick vom Grasberg über das Schwipfinger Ländle streifen lassen, und der Geruch des Kartoffelfeuers ist mir in die Nase gestiegen, und damals schon ist meine Antwort auf das Münchner Angebot gegeben worden. Hier nur werde ich atmen und hier will ich bleiben. Ich bin glücklich, daß ich etwas besitze, was mir niemand nehmen kann, nämlich die Liebe zu diesem Land, mit allem was darinnen ist.

Dazuhin gibt es ja auch unter dem vielen Bedrückenden meiner derzeitigen Lebensphase einen nicht unwesentlichen Lichtblick. Und das ist meine neue Zuflucht, die Birnengasse und das Haus, das verträumt zwischen den Bäumen am Bache steht. Diese Gasse ist eigentlich ein Feldweg. Er zweigt am Ortsende von der Hauptstraße ab und verläuft dann mit einigen Bogen zwischen einer Kulisse von schönen Hecken hin zum Wiesenbach. Ganze zwei Gebäude stehen an der Birnengasse. Das eine, etwa in der Mitte des Wegstückes gelegen, ist das Anwesen Ackermann, bewohnt von einem Rentnerehepaar, das ein paar Schafe und Ziegen und Hühner sein eigen nennt. Das andere, am Ende des Feldwegs, gehört der Oberin Burga, die im Telefonbuch unter dem Namen Bäuerle zu finden ist. Ihr Haus steht in einem Wäldchen von Obstbäumen, die gleich hinter den hohen Pappeln der Uferböschung beginnen. Jetzt, im November, ist auf dem Boden um das Gebäude braunes Laub gebreitet, und das kleine Gärtchen hinter dem Holzzaun ist bereits für den Winter hergerichtet. Rechts und links der ganzen Zufahrt von der Hauptstraße her erfreuen einen hohe Birnbäume, die dem Weg seinen Namen gaben, und deren Früchte den geschätzten Bratbirnenmost liefern. Und so einsam es hier draußen auch sein mag, so sehr paßt doch alles in die Landschaft meiner derzeitigen Empfindungen.

Doch weit mehr noch als die Romantik des Domizils in der Birnengasse bedeutet für mich die Besitzerin diese Gebäudes, die Oberin Burga selbst. Sie ist ein echtes Goldstück. Sie, deren Mann sie schon vor vielen Jahren allein und ohne Kinder auf dieser Welt zurückließ, war im Kreiskrankenhaus Oberschwester gewesen. Seitdem wird sie von jedermann in Schwipfingen mit «Oberin Burga» angeredet, und sie genießt ob ihrer einschlägigen Kenntnisse und ihres sicheren und bestimmten Auftretens großen Respekt unter den Einwohnern des Städtchens.

Als ich zu ihr zog, merkte ich sogleich, daß sie mich in ihr Herz schloß. Jetzt, in ihrem sechsten Lebensjahrzehnt, ward ihr beschieden, was sie sich immer gewünscht, ein Kind. Sicher, mit meinen 27 Jahren bin ich natürlich kein Baby mehr, aber auch bei mir war das so, daß ich mich von vorneherein bei ihr wie bei einer Mutter fühlte.

Sie verwöhnt mich und sie sieht mir mehr nach, als ich je anstellen kann. Und das will bestimmt was heißen, wie sie später eventuell bemerken werden. Natürlich ist sie auch voller Stolz, daß sie einen «Doktor» in ihrem Hause hat, was in einem Landstädtchen wie Schwipfingen und dazu im Jahre 1950 eine einmalige gesellschaftliche Aufwertung bedeutet, auch wenn man bereits «Oberin Burga» ist. Zudem freut sie sich darauf, daß sie jetzt ihr altes Wissen wieder verwerten kann.

Tatkräftig beginnt sie gleich in den ersten Wochen im Souterrain einen Behandlungsraum für Kleintiere einzurichten. Dazu weißnet sie Wände und Decke, und sie streicht den Waschtisch, den hölzernen, mit weißem Lack, damit wir einen Operationstisch haben. Ein altes Küchenbuffet richtet sie als Instrumenten- und Arzneischrank her. Ich brauche nur Andeutungen zu machen, und schon klemmt sie sich hinter die Sache und ruht nicht, bis alles sauber und akkurat vollendet ist. Mit allergrößter Selbstverständlichkeit übernimmt sie auch sofort den Telefondienst, und sie zuckt auch nicht im geringsten mit der Wimper, als ich ihr das Schriftliche sowie meine ganzen Geldangelegenheiten antrage und in ihre Hand lege. So also ist sie wie ein warmer Sonnenstrahl, der in die Düsternis meiner körperlichen und seelischen Verbannung sein Licht wirft.

Aber nicht daß Sie denken, ich liege jetzt auf dem Sofa bei der Witwe Bäuerle, drehe Däumchen und lasse mich verhätscheln. Oder ich liege gar am Boden, k. o. von den Schlägen des Schicksals oder so, oder vielleicht betrunken vor Kummer. Nein, nein, da tippen Sie daneben. Im Gegenteil, ich bin dabei, an allen Fronten einen Großangriff zu starten. In jeder Ortschaft ringsum werde ich jetzt ebenfalls Sprechtage abhalten, überall, und wenn der Flecken noch so klein ist. Das ist die einzige Möglichkeit, wie ich weiterkommen kann. Nachlaufen den Leuten, Unterpreise bieten, fast umsonst arbeiten, aber dadurch wenigstens überleben, heißt jetzt für mich die Parole. Wo doch die Kerls aus allen Himmelsrichtungen anreisen und mir täglich vor meinen Augen das Fleisch vom mageren Körper meiner Existenz reißen. Mir steht das Wasser bis zum Hals, kann ich Ihnen sagen. Pfeif doch auf Berufsmoral, jetzt geht es um Sein oder Nichtsein! Kampf mit dem Messer um jeden Stall, klingt's mir unablässig in den Ohren, mir, dem Desperado in der freien Wildbahn meiner Artgenossen.

In Wasserheim, vier Kilometer flußabwärts, beginne ich. Es liegt nasser Schnee auf den Straßen, und ich fahre langsam durch den hohen Matsch und stelle mein Auto vor der ersten besten Wirtschaft an der Hauptstraße ab. Ich habe vor, eine nach der anderen abzuklappern, mich vorzustellen und zu hören, ob der Wirt eventuell als Anmeldestation für meinen geplanten Sprechtag fungieren wird. Dieses Hausieren und Barmisieren liegt mir überhaupt nicht, und ich komme mir schlimmer vor als eine total mißratene Mißgeburt. Aber was hilft's? Will man heutzutage was erreichen, dann muß man eben auch mal auf den Knien daherrutschen können. Ich lasse also Stolz und Standesbewußtsein im DKW und trete ein. Aber wie sich herausstellt haben die meisten Lokale hier eine Metzgerei dabei und unterstehen so dem heißgeliebten Kreisveterinär. So stoße ich bei meinen Bemühungen auf wenig Gegenliebe. Beim vierten Anlauf endlich, wo ich ohne Rücksicht auf mein mageres Portemonnaie ganz überschwenglich konsumiere, damit die Leute sehen, welchen Gast mit großem Geldbeutel sie da an Land ziehen können, klappt es. Ich kann also jetzt meine Anschläge anbringen, einen am Farrenstall, einen an der Molkerei und einen am Rathaus. Auf ihnen steht, daß Tierarzt Dr. Pfeffer aus Schwipfingen ab sofort jeden Dienstag und Donnerstag nach Wasserheim kommt und Hausbesuche macht. Anmeldungen können jeweils bis 14 Uhr im Gasthaus zum «Waldhorn» erfolgen.

Wie ich aber mit meiner Reißnägelschachtel da am Schwarzen Brett stehe vom Rathaus, um das Zeug anzuheften, da weiß ich wirklich nicht, ob ich vor Scham in den Boden versinken soll oder vor Zorn explodieren. Hängen da doch bereits drei andere Anbiederungen meiner ehrbaren Zunft, schön schreibmaschinengedruckt sogar, nicht so primitiv handgeschrieben wie meine. Also, ehrlich gesagt, ich weiß den Schaltungsvorgang in meinem Gehirn nicht mit letzter Sicherheit zu erklären, aber mit einem Male habe ich drei zerknüllte Zettel in meiner Hand und danach in meiner Hosentasche und mitten auf der großen Anzeigetafel prangt allein noch das Handgeschriebene von Veith Pfeffer. Sapperment, habe ich zuviel Schnäpse zusammengekriegt in den vier Kneipen oder sind mir die Texte da zu Kopfe gestiegen? Wissen Sie, was da auch alles draufstand!

«Impfe billigst Schweine!» zum Beispiel, «Dr. Wahl, Hochsteig, Telefon 3045.» und

«Ia Tierarzt, arbeitet zu extrem günstigen Preisen. Tag und Nacht sofort erreichbar, auch sonntags! Rufen Sie Dr. Werner Habicht, Weilingen, Telefon 884.»

Das dritte Angebot stammte von einem Dr. Wannemayer aus Taghausen und lautete:

«Geburtsspezialist, Tag und Nacht erreichbar! Geringe Preise!» Trotzig drehe ich mich auf dem Absatz um und gehe.

An der Molkerei und am Farrenstall allerdings bin ich schon wieder etwas ruhiger und also auch nachdenklicher, und ich lasse die anderen Wische dran, weil sie sonst meinen vermutlich auch wegreißen.

Wie ich gerade fertig bin am Farrenstall und zum Auto gehe, da tritt dort eine alte Oma aus der Haustüre und jammert und schreit:

«Unsere ‹Lina›, unsere ‹Lina›, was der passiert ist!»

Ich gehe natürlich hin zu ihr und frage, ob ich ihr irgendwie helfen kann, denn ich denke, einem Kinde ist etwas zugestoßen. Aber die alte Frau ist total durchgedreht und rennt die Straße runter und ruft vor sich hin

«Ein Berg voll Fleisch, hinter ihr, schnell, unsere beste Kuh!»

Wie ich diese Satzfetzen entziffere, wetze ich auch schon der Oma hinterher, packe sie am Arm und rede wie folgt zu ihr:

»Oma, da hast Du aber Glück gehabt! Deine ‹Lina› hat den Leib rausgeschmissen und vor deiner Haustüre steht bereits der Tierarzt, der ihn wieder reinschafft! Komm nur, da dürfen wir keine Zeit versäumen!»

Anscheinend ist die alte Frau hochzufrieden, daß ihr jemand beistehen will, der was versteht, denn sie ist, wie sich herausstellt, ganz allein zuhause.

Gleich darauf stehe ich mit der Oma in dem düsteren, schmutzigen Stall und sehe eine Kuh am Boden liegen, unter deren Schwanz eine enorm große sackartige rote Masse heraushängt. Diesen umgestülpten Tragsack wieder reinzukriegen, dieses weiche schlüpfrige Organ, das unter dem Druck der von innen anrollenden Wehen steht, das ist harte und für das Tier nicht ungefährliche Arbeit. Man benötigt dazu außer Instrumenten und Arzneimitteln auch eine Menge Personal. Denn nur wenn es gelingt, die ganze Kuh hinten auf Strohballen hochzuheben, ensteht ein Gefälle, welches man dringend für den Rückschub benötigt.

Ich schaue mir also die Bescherung an. Aber nicht lange! Voll jugendlichen Leichtsinns beschließe ich augenblicklich, die Chose im Alleingange zu packen.

Zuerst schaffe ich den Mist hinter der Kuh weg, hole genügend Stroh herbei und breite es aus, damit es wenigstens hinter der Kuh so halbwegs sauber ist. Draufhin marschiere ich mit der Oma die Treppe rauf in die Küche und finde dort im Schiff auf dem Herd genügend warmes Wasser, das ich in einen Eimer fülle und runterschleppe. Dann muß Oma aus dem Wäscheschrank im Schlafzimmer Handtücher holen und zwei Leintücher, das Nudelbrett nehmen wir auch noch mit und eine Seife und viel Schweineschmalz. Dann brauche ich natürlich aus dem Auto noch eine ganze Menge, und daraufhin kann's losgehen. Auf das Wichtigste bei dem ganzen Geschäft muß ich leider verzichten, nämlich auf das Hochlegen. Dafür verpasse ich meinem Patienten eine saubere Epiduralanästhesie, daß der Wehendruck aufhört. Bekleidet bin ich nur mit einer blauen Arbeitshose des Hausherrn. Der Oma habe ich einen Logensitz gebaut. Sie thront nämlich auf einem Stuhl in der Stallecke, von wo sie alles einwandfrei beobachten kann.

Und es geht! Und wie es geht! Unglaublich! Dieses Riesending läßt sich reinschieben wie Butter. Es verstreicht, Sie können es mir glauben, keine halbe Stunde, da ist alles wieder da, wo es hingehört, ist ein dreifacher Scheidenverschluß eingezogen, und Oma lacht zufrieden.

Ich nehme es als selbstverständlich, daß es so geklappt hat. Warum auch nicht! Jede Pechsträhne muß ja einmal ihr Ende haben und zutrauen tue ich mir alles.

Wie die Oma und ich hernach in der Küche sitzen, bereits wie alte Bekannte, erzählt sie mir, daß der Bauer, ihr Schwiegersohn, der Farrenwärter ist von Wasserheim, was mich bedeutend freut, denn der Farrenwärter hat in allen Orten hierzulande so eine Art Schlüsselposition inne unter den Landwirten.

Deshalb auch macht die Geschichte vom Vorfall, den ein Einziger unter dem Beisitz einer Oma erledigt hat, gebührend schnell die Runde im Ort, und man beginnt aufzuhorchen in Wasserheim. Das macht sich in ein paar kleineren Verrichtungen bemerkbar, die man mir im Rahmen meiner Sprechtage in den kommenden Wochen zur Erledigung anbietet, Dinge wie zum Beispiel einen Abszeß spalten, ein abgebrochenes Horn versorgen oder eine «eingewachsene Kette» behandeln.

Auch in den anderen Gemeinden, in denen ich meine Dienste ausgeschrieben habe, beginnt es zu tröpfeln. Aber alles zusammengenommen deckt nach einem halben Jahr trotz eifrigsten Umtriebs noch nicht einmal die Unkosten.

«Viel Schur und wenig Wolle!» sagt die Oberin, und sie trifft damit den Nagel auf den Kopf.

In diesen Zeitraum fällt auch ein anderes Vorkommnis, das ob seiner Kuriosität nicht in Vergessenheit gerät.

Es geht gerade in den März hinein, und mir fällt auf, daß ich seit Monaten einen festen Dauerklienten habe, nämlich den Schulzenbauern von Schwipfingen. Allen Ängsten seiner Berufskollegen zum Trotz holt er mich konstant auch zu denjenigen Fällen, die an einer Schlachtung runtergehen und welche ihn unversehens dem vernichtenden Bannstrahl des dann zur Fleischbeschau heranbrausenden Diktators aus der Kreisstadt aussetzen könnten.

In der Hauptsache aber habe ich es in seinem Bestande mit einer Geschlechtskrankheit seiner Kühe und Rinder zu tun, die als «Trichomonadenseuche» weithin die Länder Mitteleuropas heimsucht.

Ganz kleine «Tierchen», die auf den schönen Namen

Trichomonaden hören und die nur mit Hilfe eines Mikroskopes sichtbar gemacht werden können, sind die Verursacher des großen Kummers. Denn ihr liebster Aufenthaltsort sind die Genitalien auch der Gattung Rind. Dabei ist ihre Wanderlust besonders stark ausgeprägt, und sie gehen gerne mal auf Urlaub von der Schleimhaut ihres Bullen, in der sie gerade leben, über auf die noch unbekannte Scheidenhaut der Kuh. Auf diese Weise verlegen viele ihren Wohnsitz mittels des Geschlechtsaktes, den man bei den Rindern ja das Decken heißt, und gründen immer wieder in vorbildlichem Eifer neue Kolonien.

Somit wäre ja alles ganz geordnet und manierlich, wenn nur nicht jetzt die weiblichen Tiere ihre kaum gezeugten Kinder wieder verlieren würden. Das ist das große Handicap! Eine Kuh sollte mindestens alle zwölf Monate ein Kalb zur Welt bringen, sonst ist sie für den Bauern uninteressant. Denn kein Kalb heißt keine Milch und keine Milch heißt kein Geld.

Deshalb also ist der Schulzenbauer so hinter der Sache her, wenngleich sich seine Rinder nicht die Bohne daraus machen. Auch müssen die verschiedenen Kuhfräuleins und -damen am laufenden Band den dickbemuskelten Herrn im Farrenstall zugeführt werden, weil es mit dem Kinderkriegen einfach nicht klappen will.

«Laß jetzt endlich mal den ‹Rasant› raus zu meiner ‹Lilie›» ruft da zum Beispiel der Schulzenbauer dem Farrenwärter zu, «von dem ‹Turbo› da trägt ja kein Schwanz, der war jetzt schon dreimal drauf und hat nichts fertiggebracht!»

So ist also leicht einzusehen, daß, wenn auch nur einer von diesen gefragten Burschen ein Trichomonadenverhältnis hat, dann binnen kurzem die ganze Gemeindeviehhaltung damit gesegnet ist.

Wegen dieser für die Bauern sehr kostspieligen Sache stehe ich also oft hinter den Kühen des Schulzenbauern und schaue mit dem Scheidenspekulum, meinem «Fernrohr», hinein in die Geburtswege, mache Spülungen und spritze

Vitamine und noch manches andere. Nach solch umfangreichen Behandlungen werde ich jedesmal in die Stube gebeten, wo mir dann ein Vesper vorgesetzt wird. Meist besteht es aus einer Büchsenleberwurst, Bauernbrot, Most und Schnaps. Der Schulzenbauer setzt sich dazu, und ich erfahre von ihm alles, was sich im Orte unbemerkt abspielt, vor allem, welche Tierärzte da und dort gewesen sind, was sie getan und gesagt haben und welche Heil- beziehungsweise Mißerfolge zu verzeichnen gewesen waren. Das interessiert mich natürlich brennend, doch ich sehe nur nicht ganz klar, warum der Schulzenbauer so eindeutig für mich Partei ergreift und so saufreundlich zu mir ist. Es hat zwar alles im Großen und Ganzen bisher geklappt, was ich in seinem Stall zu erledigen hatte, aber trotzdem, werde ich nicht schlau daraus.

Bis mir eines Tages auffällt, daß immer öfter beim Vesper die Tochter, die Sophie, neben mir sitzt statt dem Bauern. Sie ist keine Schönheit, aber bestimmt ein ganz tüchtiges Mädchen, und sie macht einen recht vernünftigen Eindruck. Ich rede mit ihr über die Arbeit auf dem Hof, und nebenbei frage ich sie auch mal, ob sie schon einen Schatz hat, worauf sie einen puterroten Kopf bekommt. Ich messe diesem letzteren Vorgange natürlich keinerlei Bedeutung bei, erst später, wie ich nach etwa einer Woche mit der Oberin Burga beim Mittagessen sitze, da fällt bei mir der Groschen. Denn sie erzählt mir da, daß der Schulzenbauer am Sonntagabend im «Waldhorn» Andeutungen gemacht hat, daß der Doktor mit seinem Sophiele angebändelt habe. Der Schulzenbauer hatte anscheinend einen über den Durst getrunken und habe verlauten lassen, daß er selbst die Sache eingefädelt habe und daß der Dr. Pfeffer, wenn ihm schon die Stallmagd vom «Adler» recht gewesen sei, bestimmt mit der Tochter eines reichen Hofes viel besser fahren werde. Jedenfalls sei ziemlich sicher, daß sein Sophiele Frau Doktor werden wird.

Ja, jetzt ist mir alles klar. Das ist ein Schlaumeier. Ich muß lachen, daß die Oberin ihren Teller festhält, so schüttelt's mich. Ist ja auch ein tolles Ding, nicht? Jetzt heißt's natürlich diplomatisch vorgehen, denn meinen einzigen Stammkunden darf ich mir nicht vergrämen. Ich werde mal eine hinhaltende Verschleppungstaktik einschlagen und dann die Sache ganz allmählich im Sande verlaufen lassen, das wird das Beste sein.

Auch in Schiefertal, einer Gemeinde am Fuße vom Hörnle, vier Kilometer von Schwipfingen, mache ich zweimal in der Woche Sprechtag. Allerdings hat sich hier niemand bereit erklärt, Aufträge für mich entgegenzunehmen, und daher habe ich einfach einen Briefkasten gekauft. Auf den wurde ein Zettel geklebt mit der Information:

«Einwurf von Anmeldungen für Sprechtag Tierarzt Dr. Pfeffer, Schwipfingen, Montag und Freitag 18 Uhr.»

Dann nagelte ich ihn an den Lichtmast unweit der Milchsammelstelle, wo alle Milchanlieferer täglich vorbeimüssen. Den kleinen Schlüssel dazu trage ich in meinem Geldbeutel, aber bis jetzt habe ich ihn immer vergeblich benützt. Jedesmal wenn ich voller Hoffnung öffne, gähnt mir Leere entgegen. Nur einmal war er bis zum Rand voll gewesen. Lausbuben hatten ihn mit Steinen und Dreck gefüllt. Heute, an diesem herrlichen Maientage, fahre ich auch wieder Richtung Hörnle, um mein Glück zu probieren. Vielleicht klappt es doch einmal. Es geht eine laue Luft, ich habe die Fenster heruntergedreht, die Ärmel des Hemdes bis über die Ellenbogen hochgeschlagen und hänge einen Arm zum Fenster hinaus. Eine kleine weiße Staubwolke folgt meinem klapprigen Wägelchen bei seinem Weg durch die grünen Wiesen. Das Heugras steht schon hoch, und seine vielen bunten Blumen leuchten in der Sonne. Allen voran der gelbe Hahnenfuß. Dann gibt es viel schaumiges zartes Weiß, das ist der Wiesenkerbel, und blaue Tupfer vom Salbei und den Glockenblumen. Rötlich schimmern die Sauerampfer und graziös kokettieren die Margeriten. Über all ihnen schwebt ein herrlicher Duft, und das Summen von

Bienen und das Zwitschern der Vögel erfüllt dieses Paradies, durch das ich fahre. Zum Verlieben schön finde ich es heute, und ich singe ein Lied nach dem anderen. So komme ich nach Schiefertal zu meinem Briefkasten und Hurra! Zum ersten Male ist heute ein kleiner weißer Zettel drin.

«Mein Pferd ist krank» steht darauf.

Maienluft, blühende Wiesen und der erste Patient in Schiefertal, das ist ein Tag! Auch noch ein Pferd! An die komme ich ja überhaupt nicht ran, weil die grundsätzlich alle den Veterinär holen, von wegen Pferdeversicherung, da ist er doch auch der oberste.

Der Pferdebesitzer heißt Rapp und ist, wie sich herausstellt, ein Invalide aus dem ersten Weltkrieg und ein gebückter Mann mit einem Holzbein. Sein Anwesen sieht recht kümmerlich aus, und seine Frau ist bleich und kränklich. Im Stall zeigt er mir eine uralte Stute, die gut und gerne ihre achtzehn Lenze auf dem Buckel hat. Sie steht ganz ruhig da, hat aber einen vollen Bauch, nach dem sie sich von Zeit zu Zeit umblickt. Darmgeräusche kann ich bei der Auskultation so gut wie keine wahrnehmen, und wie ich reingreife in den Darm, ist es dort brottrocken, und harte Kotballen blockieren den Durchgang.

Zur Behandlung schütte ich in meinen Irrigator, das ist ein großer Behälter zur Aufnahme von Flüssigkeiten, eine Packung Istizin, die in einigen Litern Wasser aufgelöst wird. Danach schließe ich unten einen Schlauch an, vermittelst dessen das Abführmittel in den Magen des Pferdes läuft. Pferde lassen sich nämlich nicht gerne einschütten, und deswegen verfährt man auf ganz spezielle Art und Weise.

Mit der Einführung dieses Schlauches, den man Nasenschlundsonde nennt, hat es nämlich eine besondere Bewandtnis. Man kann ihn nicht, wie jedermann erwarten würde, durch das Maul einführen, weil man sonst niemals in den Schlund, in die Speiseröhre, reinkommen würde. Man muß ihn dagegen, wie schon der Name sagt, in die Nase hochschieben, und von dort gelangt er dann in den

Schlund. Das hört sich komisch an, funktioniert aber einwandfrei. Die meisten Pferde machen auch bei dieser Prozedur wenig Zicken, nur ein schwieriger Punkt ist zu berücksichtigen für den Tierarzt: Er muß kontrollieren, ob die Sonde wirklich im Schlund abwärts gleitet und daß sie nicht etwa in die Luftröhre gelangt ist. Denn letzteres ist durchaus möglich und es bedeutet, daß zum Beispiel hier mein ganzes in Litern Wasser aufgelöstes Istizin in die Lunge gelangen würde, woraus mit Sicherheit ein schneller Tod resultieren würde. Aber man soll ja den Teufel nicht an die Wand malen! Ich mache zuerst die rote Sonde mit etwas Schweinefett schlüpfrig, damit sie besser rutscht, und schiebe sie dann dem bejahrten Pferdefräulein ins linke Nasenloch. Der alte Rapp hält die Stute dabei am Stallhalfter, und sie läßt die Sache seelenruhig über sich ergehen. Nun bin ich bereits über einen halben Meter drin und komme nun an die Stelle, wo der Schlund und gleich daneben die Luftröhre beginnen. Jetzt heißt's aufpassen. Der Rapp muß den Kopf der Stute nach unten ziehen und ich schiebe langsam den Schlauch weiter. Wenn ich jetzt in der Luftröhre wäre, müßte sie zu husten beginnen. Schön, sie hustet nicht, registriere ich, aber ich mache lieber dennoch zur Sicherheit noch die Blasprobe.

«In Ordnung» sage ich zum Bauern, «jetzt schließen wir den Schlauch an und lassen das Mittel hineinlaufen!»

Gesagt, getan. Es läuft, der Irrigator wird leichter. Plötzlich fängt das Pferd an zu husten und seine Atmung beschleunigt sich.

«O du heiliger Strohsack!» Wie ich dies beobachte, spreche ich zum alten Rapp:

«Jetzt nehmen Sie den Irrigator nach unten, der Magen ist schon voll, wir hören auf», und mit besorgter Stimme fahre ich fort: «Der Husten gefällt mir gar nicht, ich werde sie mal auf der Lunge abhorchen, nicht daß dort auch noch ein Herd sitzt. Hat sie nicht schon früher mal was gehabt mit der Lunge?»

Während dieser Worte halte ich natürlich das äußere Schlauchende noch ein Weilchen zu Boden, aber es läuft nur wenig zurück.

Ja früher, da habe sie einen Winter lang mal die Strängel gehabt mit Husten und eitrigem Nasenausfluß, besinnt sich der Rapp, aber das sei schon lange her. Nach dem Abhorchen der Lunge mache ich ein äußerst bedenkliches Gesicht und rede zum alten Manne wie folgt:

«Das mit der Verstopfung ist bestimmt keine Kleinigkeit, aber das, was auf der Lunge sich abspielt, ist eine ganz und gar unheilbare Sache, die in kürzester Zeit zum Verenden führen kann!»

Der Bauer schaut mich ungläubig an, und ich fahre fort:

«Sie werden schon sehen. Wenn mich nicht alles täuscht, brütet die Stute gerade eine Lungenentzündung aus, die jeden Augenblick losbrechen kann.»

«Tatsächlich», findet nun der Mann mit ängstlichen Augen, «sie schnauft schon härter.»

«Da gibt's nur eins» rede ich ihm zu, «sofortige Schlachtung, bevor durch das Fieber das Fleisch ungenießbar wird.»

Ich merke gut, der Bauer hängt an seinem Pferd, aber es nützt jetzt alles nichts mehr, in ein paar Stunden kann es bereits verendet sein. Schließlich habe ich den Invaliden soweit, daß er damit einverstanden ist, daß ich für ihn mit dem Pferdemetzger in Kirchheim verhandle, der dann auch umgehend kommt und einen angemessenen, man kann fast sagen ordentlichen Preis bezahlt. Somit fällt mir ein Stein vom Herzen, weil damit nun gewährleistet ist, daß der Veterinär das Pferd nicht in die Finger bekommt, weil es in Kirchheim, das heißt außerhalb seines Dienstbezirkes, geschlachtet wird. Das kann ich selbstredend nur machen, weil die Stute in diesem Alter nicht mehr versichert ist. Soweit bin ich also aus dem Schneider, aber ich fühle mich trotzdem hundeelend. Es ist ein grausames Gefühl, das mich beschleicht. Der Veteran mit dem Holzfuß, der arme alte anständige Kerl verliert durch meine Schuld sein einziges Pferd. Und ich muß ihn auch noch belügen und ihm was vormachen, ach, ich bin todunglücklich.

Erst am nächsten Tage, als ich nochmals hinfahre zu den alten Rapps und mit ihnen rede, werde ich wieder ein bißchen ruhiger. Da erzählt mir nämlich die Bäuerin, daß sie die Stute ohnehin demnächst hergegeben hätten, weil sie altershalber die Landwirtschaft aufgeben. So, wie es sich nun ergeben habe, sei es eben etwas schneller gegangen. Ich sitze noch eine ganze Stunde bei ihnen auf dem Sofa, und der alte Rapp berichtet davon, wie sie ihm vor Verdun den Fuß abgeschossen haben, und erzählt auch sonst noch manches von früher. Wie ich gehe, bedanken sich die zwei Leutchen bei mir und legen mir trotz allen Sträubens eine Büchse Leberwurst ins Auto. Selten bin ich so beschämt worden. Aber trotzdem, heute kann ich wieder sehen, daß es Mai ist, daß Blumen blühen und Käfer fliegen und daß der Himmel blaut.

Ja, und wie es wohl überhaupt dazu gekommen ist? Verflixt nochmal, ich weiß es nicht. Vielleicht ist nach der Pusteprobe die Sonde zurück und dann in die Luftröhre geglitten, vielleicht beruht alles auch auf meinem zu großen Schnapskonsum. Ich werde diese undisziplinierte Sauferei aufgeben, wenn solche Sachen vorkommen!

Jetzt ist schon Anfang Juni, und die Heuernte ist in vollem Gange. Der Höhepunkt im keimenden Leben der Vegetation ist erreicht. Grün und üppig sprießen die Pflanzen, vergnügt und emsig durcheilen die Tiere die sonnigen Tage. Wald und Feld sind eine einzige große Kinderstube, und junges neues Erwachen erfüllt Berg und Tal.

Was mich betrifft, so weckt in mir bereits schon das allererste Frühlingsahnen die Lebensgeister, und es erwachen die Sehnsüchte nach dem anderen, nach dem Unbekannten. Wenn die ersten weißen Wolken am blauen Himmel ziehen, wenn ich den Duft des ersten Frühjahrsregens rieche, der auf eine staubige Straße fällt, ergreift mich alljährlich ein solcher Strom von jubelnden Empfindungen, daß ich die ganze Welt in meine Arme schließen möchte.

Voll so schöner Gefühle halte ich verständlicherweise schon lange Ausschau nach einem Mädchen, mit dem ich durch das Tor der Liebenden schreiten könnte, hinein in einen lachenden Sommer. Lenchen ist fort, und Frau Dr. Sophiechen Schulz hat, wie Sie ja wissen, nie eine Bedeutung gehabt. Nebenbei, wie ich erfahre, macht ihr jetzt auf einmal der Sohn vom Anton Bühler, dem Schweinezüchter, den Hof. Das Sprüchemachen ihres Vaters hat sie scheint's recht begehrenswert gemacht.

So bin ich nicht nur überrascht, sondern zu gleicher Zeit hocherfreut, als ich eines Tages einen Brief bekomme aus der Kreisstadt von meiner alten Tanzstundenliebe. Ohne Zögern lade ich die hübsche Iris aufs nächste Wochenende ein, und sie kommt auch prompt angereist.

Wir verstehen uns gleich wieder auf Anhieb und verbringen eine wunderschöne Nacht zusammen. Am Abend noch fahren wir quer hinüber über das bei Schwipfingen so breite und ebene Wiesenbachtal, stellen den Wagen unten am Hahnenberg ab und wandern eng umschlungen durch die warme Nacht den Hang empor. Auf einer Bergwiese finden wir frisch gehäuftes Heu, dessen Duft die Luft erfüllt, und hier lassen wir uns nieder. Aus dieser Einsamkeit blicken wir hinunter auf die goldenen Lichter im Tal. Wie in einer unsagbar schönen Zauberwelt ist es in dieser Stille. Wir legen uns auf den Rücken und blicken Hand in Hand in den glitzernden Sternenhimmel. Wo kann eine Liebesnacht romantischer sein, wo ihr Verbundensein mit dem Natürlichsten größer? Die Augen, in denen sich der Nachthimmel spiegelt, die zärtlichen Schauer auf der Haut, der Duft einer Sommernacht, so etwas ist einmalig im Leben, so etwas gleicht der Kostbarkeit des Paradieses.

Gegen Morgen wird es kühl, und wir kuscheln uns enger aneinander, schlafend und wachend und unter nie aufhörenden Küssen und Zärtlichkeiten. Erst als die Sonne hinter dem Grasberg aufgegangen ist, machen wir uns auf den Heimweg. Unten am Berg, wo wir unser Auto stehen ließen, äst ein Reh, und zwei weißgetupfte winzige Kitze stehen neben ihm im Grase. Wir halten an, stehen mucksmäuschenstill und schauen zu. Eng aneinandergelehnt erleben wir eine Sonntagsandacht von wunderbarer Reinheit.

Zuhause angelangt in der Birnengasse, sind wir sehr leise, damit wir der Oberin Burga wohlverdienten Schlaf nicht stören. Iris bereitet das Frühstück, ich decke den Tisch. Weißes Tischtuch, darauf in der Mitte ein großer Strauß mitgebrachter Wiesenblumen, ein kleines Kerzchen und zwei glückliche Gesichter. Es riecht nach Kaffee. Gerade wie wir alles fertig haben, geht die Türe auf und Witwe Bäuerle tritt ein. Sie sieht uns in die Augen und wir, wir gehen spontan auf sie zu, nehmen sie unter den Armen und führen sie unter Lachen und Gutenmorgen-Wünschen an ihren Platz. Allen schmeckt es sagenhaft, und wir erzählen unserer Oberin von den Sternen und vom Heuduft und von dem Reh mit seinen Kindern.

Oberin Burga, ich sagte es schon, ist ein Goldstück. Ich bin ihr Bub und sie sagt zu mir, wie ich es gerne höre, meinen zweiten Vornamen, wie Mutter zuhause es auch tat, «Hansi». Wenn ich nun heute Iris mitbringe, dann ist das in Ordnung, und wenn ich die ganze Nacht mit ihr wegbin, genauso. Es ist wohl eine Ausnahme, wenn man eine solch bewundernswerte Dame findet, und ich schätze das unheimlich. Unbezahlbar ist sie, meine Mutti am Wiesenbach in Schwipfingen.

Ich brauche nicht zu sagen, daß Iris von jetzt ab jedes Wochenende kommt, und daß es in dieser Hinsicht ein unübertroffen schöner Sommer wird.

Von meinen beruflichen Fortschritten kann ich dasselbe leider nicht behaupten. Ich bin zwar täglich auf Achse und kurve unablässig in der Gegend rum, damit die Leute mich sehen, aber die Angst, so kommt's mir vor, die sie vor meiner Oberwespe haben, meiner veterinärmedizinischen, ist anscheinend grenzenlos. Doch sicher tun da meine beruflichen Unfälle, die ich gebaut habe, das ihrige dazu. Mein Image ist einfach miserabel, und ich sinne auf Mittel, es aufzubessern. Nun habe ich etwas herausbekommen, und seither ist's mir wieder etwas wohler: alles beherrscht dieser Veterinärrat, nur eines nicht, und das ist die Fremdkörperoperation bei den Rindern. Das könnte ein zugkräftiges Mittelchen sein gegen ihn. So hat mithin der Veith Pfeffer jetzt einen I a Slogan: Operieren gegen den Alten!

Bald schon gibt es eine ideale Gelegenheit, wie ich mir einbilde. Mitten in Schwipfingen, bei einem von Strickers Verwandten ist das. Eine Kuh sei krank, berichtet mir Oberin Burga, ich solle möglichst bald kommen. Umgehend, das heißt bei mir sogar noch ohne den gerade benötigten Toilettenbesuch, mache ich mich auf. Und was sehe ich: Eine Kuh, die gut und gerne schon eine ganze Woche lang krank ist.

«Simpel, einfältiger» spreche ich da im Stillen zu mir, «hättest zehnmal vorher aufs Klo gehen können, das ist doch immer dasselbe!»

Das Tier steht angebunden in einer Stallecke. Teilnahmslos schaut es durch seine trüben Augen. Der Rücken ist gekrümmt und der Bauch aufgezogen. Vorne hat man das abgemagerte Rind auf eine Holzpritsche gestellt, so daß es mit den Vorderbeinen 30 cm höher steht als hinten.

Glücklicherweise rückt der Mann gleich mit der Wahrheit heraus, statt, wie es sonst üblich ist, jetzt zu behaupten, erst seit heute sei sie krank. Ich erfahre also, daß schon vor sechs Tagen die Kuh zum erstenmale nicht gefressen hat und daß auch schlagartig die Milchleistung zurückgegangen sei. Sie hätten dann, ich wisse ja wohl schon warum, den Veterinärrat zugezogen. Der habe die Kuh hochstellen lassen und verordnet, daß man ihr aus der Apotheke nach seinem Rezept eine Arznei hole und einschütte. Am nächsten Tage habe sie dann wieder ein bißchen gefressen, aber dann immer weniger und seit gestern überhaupt nichts mehr. Und Milch gebe sie gar keine mehr.

«So, so» sage ich, «das wundert mich nicht, daß die so schlecht dran ist, wo sie bereits eine Woche lang schon ein Eisen im Bauch stecken hat. Wir werden jetzt gleich drei Proben machen, dann werden Sie selbst merken, daß die Diagnose stimmt. Gehen Sie einmal an den Kopf und horchen Sie, ob sie stöhnt!»

Ich mache nun den Rückengriff in der Headschen Zone und höre es von hinten sogar, wie das ihr wehtut.

«Ja, ja», ruft der Bauer, «ganz deutlich!»

«Das reicht schon, die anderen Proben können wir uns schenken, das ist eine typische Fremdkörperkuh! Ihre einzige Chance besteht darin, daß wir den Magen öffnen und den Fremdkörper herausziehen. Dann kann, wenn die Entzündung noch nicht zu weit vorangeschritten ist, eine Heilung einsetzen. In Ihrem alten Falle aber», setze ich skeptisch hinzu, «sieht die Sache nicht sehr rosig aus.»

Insgeheim denke ich, eigentlich sollte ich ganz die Finger davon lassen. Mit «der» könnte ich ganz schön reinsausen! Aber auf der anderen Seite wäre sie natürlich ein enormes Renommierstück, und die Bauern würden sich erzählen, beim Veterinärrat war sie am Verrecken und der Neue, der Pfeffer, der hat sie gerettet.

«Hin ist sie dann so oder so», entscheidet sich jetzt der Bauer, «ich bin für die Operation! Jetzt trägt sie schon im siebten Monat, und sie war immer eine von unseren besten Milchkühen.»

Damit sind die Würfel gefallen, ich werde ihr den Bauch aufschneiden! Im Stehen wird das gemacht mit örtlicher Betäubung. Das Tier spürt absolut nichts. Vorher noch muß eine 200er Birne her an einem Kabel, muß rasiert werden und desinfiziert. Einen Tisch brauche ich und Wasser und Seife und Handtücher. Dann schneide ich das Loch in der linken Flanke in einer Länge von ca. 30 Zentimetern, ziehe den Magen hervor, packe ihn mit Zangen, schneide ihn auf und schiebe meinen Arm hinein bis zur Achsel. Jetzt greife und taste ich mit den Fingern die Magenwände dort vorne unten ab und suche nach einem vorstehenden Metallstück. Die Kuh steht dabei so still wie wenn nichts wäre und schaut vor sich auf den Boden. Ich komme aber bereits ins Schwitzen, denn ich finde nichts. Dabei sind aller Augen auf mich gerichtet und wollen den Beweis meiner Diagnose hergezeigt bekommen. Der Stall steht nämlich gerammelt voll, denn für Schwipfingen ist das etwas ganz Neues. Schöne Sauerei, denke ich, wenn das ausgerechnet einer von den seltenen Fällen wäre, in denen ein Fremdkörper ganz nach draußen wandert und man ihn weder mehr spüren noch entfernen kann. Verflixt! Aber jetzt habe ich was. Der Fingernagel meines Zeigefingers kratzt auf Metall. Gottseidank! Der Kopf eines Nagels liegt anscheinend ganz knapp an der Magenwand an. Ich versuche zu ziehen, indem ich die Nägel von Daumen und Zeigefinger unter den Kopf presse. Oh, sitzt der fest! Erst nach weiteren Versuchen lockert sich die Sache ein wenig, und ich kann richtig zupacken und ziehe gleich darauf einen langen Nagel heraus, den ich der staunenden Gesellschaft präsentiere. Aber es ist mir mulmig dabei, denn seine Stichrichtung war in die Lebergegend gewesen.

«Herr Stricker» sage ich, «vermutlich wird das Tier nicht durchkommen, denn der Drahtstift steckte in der Leber, und das heilt selten mal aus!»

Komisch aber, als die Leute da alle nacheinander den Nagel in die Hand nehmen und bewundern, da sind sie überzeugt, daß jetzt nichts mehr schiefgehen kann. Auch ich weiß, daß manchmal die unmöglichsten Dinge abheilen, aber in diesem Falle habe ich gar kein gutes Gefühl. Jedenfalls nähe ich die Geschichte wieder sauber zusammen, und anschließend muß ich mit in die gute Stube, wo die Bäuerin Spiegeleier auffahren läßt. Man feiert mich als halben Zauberer, denn wenn einer mitten aus dem riesigen Hinterleib einer Kuh, die dabei noch seelenruhig in der Gegend rumschaut, einen Nagel herausholt, dann grenzt das schon an Übernatürliches.

In den folgenden Tagen aber wird die Patientin immer weniger. Es ist aussichtslos! Das hätte ich bleiben lassen sollen! Jetzt geht der Schuß nach hinten los! Nicht der Veterinär ist jetzt der Blamierte, sondern ich selbst bin es.

Aber in den kommenden Monaten operiere ich weitere zwei Kühe und die werden was! Eine von den beiden wird vom Besitzer sogar schon knapp zwei Wochen nach der Operation wieder vor den Wagen gespannt und läuft auf diese Weise, denn das rasierte Rechteck in der Flanke und die Schnittwunde sind auffallend gut zu sehen, auf dem Laufsteg des Dorfes für mich Reklame. Trotzdem, die erste hätte halt nicht schiefgehen sollen, dann hätte die Richtung gestimmt.

Nun neigt sich der Sommer schon seinem Ende zu, und bald ist es ein Jahr, daß ich nach Schwipfingen kam. Da geschieht es, daß ich eines Tages in die Flüchtlingssiedlung Bergfeld gerufen werde zu einer Ziegengeburt. Es ist ein warmer Septembertag heute und so gegen 17 Uhr, eine Zeit, wo die Männer der Siedlung aus den Fabriken heimkehren. Drei weiße «Kühlein des kleinen Mannes» sind es, die ich in dem kleinen Verschlage des Stalles, in dem sie untergebracht sind, vorfinde. Zwei von ihnen fressen genüßlich von dem in einer kleinen Holzraufe aufgesteckten Gras, während die dritte mit pralldickem Hinterleib und gekrümmtem Rücken dasteht und preßt. Ihr Gesichtsausdruck ist ängstlich, und es scheint, als ob sie nach hinten horche, hinein in das Unergründliche ihres Leibes. Nach dem Waschen und Desinfizieren untersuche ich den Geburtsweg. Aber es ist leider ein sehr bedauerliches Resultat, das ich verkündigen muß. Das Kitz nämlich, das da drin liegt, ist bald doppelt so groß wie die Öffnung des knöchernen Beckens, durch die es muß, wenn es raus will. Logischerweise kann es also auf natürliche Art nicht geboren werden. Von zwei Möglichkeiten ist daher jetzt eine zu wählen. Entweder sofortige Schlachtung oder operative Entbindung, das heißt Kaiserschnitt. Tränen laufen der Frau über die Wangen, die Oma kommt dazu, und die Kinder stehen herum. Alle sind verstört und voller Angst und wissen nicht, was sie machen sollen. Da geht zum Glück die Gartentüre auf und der Vater kommt von der Arbeit nach Hause. Er, ein Gefühlsmensch, wird beeindruckt von dem Kummer der Seinen und entschließt sich nach kurzer Überlegung zur Operation.

Ob sich das rentiert, meinen Sie? Nein, im Grunde nicht. Wenn man das exakt berechnen würde, nein, da könnte er bald zwei Ziegen für das Geld kaufen. Aber ich stelle bewußt hier diese zweite Möglichkeit zur Wahl, weil ich erstens Spektakuläres brauche, um bekannt zu werden, weil ich zweitens gerne operiere und fixe Finger habe, wie ich mir einbilde, und weil ich drittens diesen großen Seltenheitsfall so bescheiden berechnen werde, daß die Leutchen es schon verkraften können. Und ich spekuliere natürlich darauf, daß ich den großen Rest meines mir zustehenden Honorars sicher durch steigende Inanspruchnahme ausgezahlt bekommen werde. Nebenbei – ich deklariere hier mit Letzterem die derzeit typische Denkweise meines ganzen Berufsstandes, doch davon später.

Auf das Wiesenstück hinter dem Haus lasse ich den großen Waschtisch tragen und Stricke und Wasser und noch einen zweiten Tisch für die Instrumente. Bis alles vorbereitet und die Ziegenmutter auf den Waschtisch gehievt und festgebunden ist, bin ich umringt von Dutzenden von Leuten, die alle aus der Nachbarschaft herbeigekommen sind und zuschauen wollen, vornedran eine Menge Kinder. Da von der Tierbesitzerfamilie vor lauter Mitleid niemand mithelfen kann, wäscht ein Nachbar seine Hände, und dann geht's los. Wieder örtliche Betäubung, die Zuschauer schweigen. Blut spritzt, ein paar gehen. Nach einer Viertelstunde hebe ich unter dem Beifall der Zuschauerkulisse das erste Kitz heraus. Schlapp wie alle Kitze in der ersten Minute, sieht es aus wie tot, aber schnell wird es lebendig und wackelt unter meinem Tisch im Gras herum. Jetzt kommt das Riesenkitz, das nicht durchkonnte. Es ist doppelt so groß wie das erste und nur mit Ach und Krach kann ich es durch die Schnittöffnung in der Bauchwand zwängen. Aber auch dieses lebt, und bald krabbeln zweie unter dem OP-Tisch. Vorsichtshalber taste ich, bevor ich zunähe, nochmals den ganzen Tragsack durch und potz Blitz, es ist noch einmal eines drin!

«Drillinge!» rufen die Leute und kommen aus dem Staunen nicht mehr heraus. Was mich betrifft, so nähe ich jetzt schnell und dazuhin sauber zweimal den Tragsack, einmal jeweils das Bauchfell mit Muskulatur und die Haut. Dann kommt der Clou. Wir binden die Ziege los und stellen sie auf den Boden. Und wie wenn sie gerade normal geboren hätte, geht sie ohne Umstände daran, augenblicklich die nassen kleinen Körperchen abzulecken und diese wiederum haben schon zum Euter hingefunden und machen sich daran mit Eifer zu schaffen.

Lachende Gesichter umringen mich, und alle wollen jetzt helfen, die Instrumente zu reinigen. Einer bringt ein Gläschen Schnaps für mich und eine Nachbarsfrau ein Ei. Fast rührend ist mein Abschied, alle stehen auf der Straße und winken hinterher, wie wenn nahe Verwandte abreisen. Und die Ziege kommt durch. Wie ich die Fäden ziehe nach 14 Tagen, ist sie putzmunter und ich, ich habe im Bereich der kleinen Leute, der Flüchtlinge, der Bahnwärter, der Rentner und Witwen, kurzum bei vielen der Kleintierhaltungen, Freunde gewonnen. Wenn sich das auch nicht in großen Einnahmen niederschlägt, so bekomme ich doch dadurch einen größeren Wirkungskreis und mit ihm die Empfindung, langsam, ganz langsam, Fuß zu fassen im Schwipfinger Ländle.

Nun ist es November, aber heuer hat es noch keine Fröste gegeben und das Gras wächst noch, und die Bauern haben noch Futter wie selten um diese Jahreszeit. Wenn ich morgens um sechs Uhr aus dem Hause gehe, was bei mir gar nicht so selten der Fall ist, weil ich ein Frühaufsteher bin, so ist es noch dunkel und manchmal steht ein silberner Mond über meiner Haustüre. Heute ist aber einer der typischen tristen Nebeltage, wo man nicht mal bis zum Fressberg rübersieht. Ich habe schon fünf Besuche hinter mir, und im Augenblick bin ich gerade zum erstenmale im Stall bei einem Jungbauern, der wegen seinem frechen Mundwerk weithin bekannt ist. Auch weiß ich, daß er bald jede Woche einen anderen Tierarzt holt. Trächtigkeitskontrollen will er machen lassen. Zuerst schaut er mir zu, wie ich mich umziehe, und danach frägt er, was ich dafür verlange, denn er lasse es nur machen, wenn es nicht zu teuer sei. Wieviel eine Kuh koste und wieviel zweie und wieviel er für dreie zahlen müsse.

Ich muß mich gehörig beherrschen, daß ich nicht gleich wieder kehrt mache und rausgehe, vor allem als er anführt, daß es beim Dr. Habicht um fünfzig Pfennig billiger sei, und der komme sogar aus Weilingen. Sie sehen, eine Praxis anfangen im Jahre 1950, das ist kein «Schleckhafen», wie man in Schwipfingen sagt. Aber ich weiß was ich will, und ich weiß, daß ich eines Tages auch diesen üblen Maulaufreißer dahin kriege, wo ich ihn haben will, und deshalb fahre ich nicht aus der Haut, sondern einige mich mit diesem miesen Burschen. Anscheinend hat er am Montag im «Hirsch» eine Kuh schlachten lassen, von der er annahm, sie sei leer, sie habe kein Kalb im Leibe. Der Hirschwirt habe ihm dann aber 50 kg abgezogen, was den Preis betrifft, weil eben doch eins drinnen war. Das ist der Grund, weshalb er es jetzt so wichtig hat. Ich mache den Arm frei, schmiere ihn ein mit Schweinefett und greife rein in den Mastdarm und taste nach dem Tragsack. Ich prüfe Umfang und Konsistenz, mache den Eihautgriff, lasse den Embryo ballotieren und fühle das Schwirren der Arterie ab. Eine kommt dran nach der anderen. Der Stall ist recht dunkel, und die Tiere stehen enggedrängt beieinander. Als ich in der dritten drin bin und suchend eine Weile vergeblich taste, lacht plötzlich der Kerl in der Stallgasse hinter mir schallend los.

«Hahaha, das habe ich jetzt auch noch nie gesehen, daß ein Tierarzt einen Farren auf Trächtigkeit untersucht, hahahaha!»

Ich fahre zusammen. Teufel, der hat mich reingelegt. Schnell greife ich mit der freien Hand zwischen die Beine des Rindes runter: Stimmt, ein Hodensack, kein Euter! Da ziehe ich mit einem solchen Schwung meinen Arm aus dem Tier, daß ich eine ganz saubere Ladung schönes grünes Spinatzeug mitnehme, das postwendend hinter mir ins Gesicht des «Hahaha» klatscht.

«Oh, oh», tue ich bedauernd, «ein Mißgeschick kommt selten allein!»

Aber wie der Kerl sich seine Schnauze am Wasserhahn abgespült hat, ist er ziemlich gedämpft, weil er doch nicht so recht weiß, ob ich es mit Absicht gemacht habe oder nicht. Ich habe aber nach dieser Belehrung vor, wieder auf «friedlich» zu schalten und erzähle, während ich die letzte Kuh untersuche, ihm einen alten Bauernwitz, den er aber noch nicht kennt.

«Neulich», beginne ich, «haben sie in einer kleinen Gemeinde auf der Alb einen neuen Farren eingekauft auf der Zuchtviehversteigerung in Ulm. Kaum waren sie zuhause angekommen, stand schon ein Bauer mit einem Rind vor dem Farrenstall, und der Neuling mußte gleich im Beisein des Bürgermeisters sein Können beweisen. Aber nichts war's. Als auch nach einer Viertelstunde und nach den verschiedensten Bemühungen der feurige Stier das schöne Kuhmädchen nicht mal eines Blickes würdigte, geschweige denn Annäherungsversuche machte, packte den Bürgermeister die Wut. Während er sich die Jacke auszog und die Hosenträger herunterließ, schrie er wütend: ‹Alles muß man in dieser beschissenen Gemeinde selber machen!›»

Als ich wieder im Auto sitze und drandenke, mit welch

sauersüßem Gesicht mir dieser Knabe da nachgeschaut hat, da weiß ich, daß ich noch lange nicht überm Berg bin. Jahre wird es noch dauern, bis ich mich mit allen zusammengerauft habe, bis einmal ein gutes, vertrauensvolles Verhältnis besteht zwischen der Bauernschaft und mir.

In diesem ersten Jahre des Bestehens meiner Praxis beschränkt sich mein Interesse am Lesen auf das Studium der Tageszeitung und der diversen Arzneiprospekte, die ins Haus flattern. Nur manchmal abends, wenn ich im Bette liege, greife ich mir eines von meinen zwei Büchern. Zwei sind es, Sie haben richtig gelesen, nur zwei, seit Jahren. Und jedes von ihnen ist kompetent für eine bestimmte Gemütslage. Das «Der Glaube an Deutschland» von Zöberlein nehme ich zur Hand, wenn ich etwas im negativen Sinne Aufregendes zu verdauen habe. Wenn ich nämlich darin ein paar Seiten lese, bin ich geheilt, bin wieder ruhig und froh. Das Buch ist also eine echte Medizin für mich. Es ist ein Freund, zu dem ich immer kommen kann.

Komisch, werden Sie jetzt denken, der Zöberlein schrieb in diesem Buche doch seine Kriegserlebnisse nieder aus der Zeit vierzehn bis achtzehn. Was soll dieser alte militaristische Krampf, wie kann ein solcher Schmöker Freund sein, wie kann er beruhigen? Dieser Pfeffer, der muß spinnen! – Lassen Sie mich's erklären. Es ist nämlich so. Einen Teil dessen, was der Zöberlein schildert, habe auch ich erlebt, zweiundvierzig bis fünfundvierzig! Und das war in der empfindsamen Zeit um das zwanzigste Lebensjahr. Ich war da zwei Jahre lang Soldat in vorderster Linie, mußte töten, mußte hungern und frieren und mußte unzählige Ängste ausstehen. Ich begrub schwarzverfärbte, verwesende Soldaten, ich sah meines Freundes Hirn im Ausschußloch an seinem Kopfe und, und, und ... – So treffe ich in dem «Zöberlein» Erinnerungen. Ich lese, und die Handlung nimmt mich gefangen. Am ganzen Körper erdulde ich all das Schlimme von Neuem und werde mir dabei bewußt, wie ich es schön habe, und daß die bedrückendste Situation heute so vielmal besser ist als die angenehmste damals. Wenn ich das Buch auf seinen Platz zurücklege, bin ich entspannt und zufrieden. Sehen Sie, so ist das mit dem «Zöberlein»!

Aber mein zweites Buch ist von ganz anderer Art, dient ganz anderen Zwecken. Denn mitunter verspüre ich eine Art Sehnsucht nach Dingen, die über meinem Alltag stehen. In solchen Augenblicken greife ich zu den «Selbstbetrachtungen» des Marc Aurel. Ich lese dann allerdings nur kurz darin, denn es ist kein Buch, das man seitenweise verschlingen kann. Jeder Satz darin, oder mindestens jeder kleine Abschnitt ist hier nachdenkenswert. Und wenn ich so auf den Spuren der Gedanken eines vor nahezu zweitausend Jahren verstorbenen, so hervorragenden Mannes wandern kann, dann empfinde ich ein Glücksgefühl ganz besonderer Art.

Denn daß dies Edelsteine sind, die ich da vor mir habe, begreife ich schnell. Von diesen Kostbarkeiten etwas in mich aufzunehmen ist wie ein wertvolles Geschenk, das ich mir selbst jederzeit machen kann. Und es dünkt mich, daß ich gut daran tun würde, diesem Buch die Führung über mein Leben, das ach, noch so wenig Weisheit enthält, so viel Vordergründiges beherbergt, anzuvertrauen.

4. Kapitel

Stiefelkauf mit Monika

Der Januar des neuen Jahres läßt sich sehr kalt an. Auf den Straßen liegt Schnee und Eis, und es ist schlecht zu fahren. Ab und zu geschieht es, daß ich in einer Schneewehe steckenbleibe oder in einem Graben lande. Aber bis jetzt ist alles glimpflich abgelaufen. Im Inneren meines alten DKW ist's affenkalt, denn er besitzt keinerlei Heizung, und auf dem Boden geht seit vierzehn Tagen das Eis nicht mehr weg. Auch steht er nachts ja im Freien unter den Bäumen vor dem Haus, und deshalb muß ich meine ganze Apotheke dauernd aus- und einräumen, weil das Zeug sonst kaputtgeht.

Heute nun fahre ich in der schmalen Spur des Schneepfluges zum «Grafen Zeppelin», wie der Hausname lautet vom Brenner Ludwig junior. Hier in der Schwipfinger Gegend haben ja die meisten Bauern ihren Hausnamen, der von einer früheren Begebenheit herrührt und mit ihrem wirklichen Namen gar nichts gemein hat. Oftmals wird aber so ein Hausname als eine Beleidigung aufgefaßt und man sollte daher am besten nur einen solchen zu seinem Besitzer sagen, über dessen Unbedenklichkeit man vorher Erkundigungen eingezogen hat. Denn würde ich jetzt aussteigen und «Guten Morgen, Graf Zeppelin!» rufen, dann würde der mir bestimmt glattweg ins Gesicht springen. Denn seine Sippe legt gar keinen Wert auf diesen berühmten Namen.

Damals nämlich, als die Luftschiffe des Grafen Zeppelin, wenn sie am Himmel auftauchten, die große Sensation bildeten, da geschah es eines Tages, daß im «Adler» in Schwipfingen das Telefon schellte und die Mitteilung durchgegeben wurde, der Zeppelin würde in Kürze das Städtchen überfliegen. Just zu dieser Zeit saß der Landwirt

Ludwig Brenner senior ebendort am Stammtisch und spielte Karten, wie jeden Tag um diese Zeit. Wie dieser Anruf durchkommt, denkt der Brenner mal ausnahmsweise an sein Weib, das er daheim für sich arbeiten läßt, und läuft nach Hause und ruft zur Türe hinein:

«Weib, der Zeppelin kommt!» Als sich aber nichts rührt, rennt er in die Küche, dann in die Stube und zuletzt in die Schlafkammer. Und dort, dort bekommt er seinen Spitznamen! Denn wenn einer täglich zum Gaigeln ins Wirtshaus geht und zuhause eine lebenslustige junge Frau allein wirtschaften läßt, dann heißt man das in Schwipfingen einen Meisterbetrieb, denn er arbeitet mit Gesellen. Kommen Sie mit?

Na ja, die Sache wurde damals gütlich beigelegt. Der «Geselle» führte, als es Nacht war, einen schweren Bullen zu des Brenners Stalltüre hinein, und man vereinbarte tiefstes Stillschweigen in beiderseitigem Interesse. Aber rausgekommen ist's später dann doch, und deswegen werde ich schön brav «Grüß Gott, Herr Brenner!» sagen. Aber auch der Brenner junior, ein Zweizentnermann mit Knollennase, soll, wie mir berichtet wurde, seine Mucken haben. Er spielt scheint's gerne den großen Herrn und tut recht gescheit, und einer seiner Berufskollegen sagte zu mir neulich:

«Dem Zeppelin läuft der Rotz dreispurig ins Maul rein!»

Wie ich nun vor Kälte stampfend aus meinem Wägelchen steige und der Zeppelin seinen Pickel weglegt, mit dem er das Eis vor seiner geplatzten Dachrinne aufhackt, spricht er wohlwollend und etwas von oben herab, daß er jetzt auch einmal den neuen Tierarzt ausprobieren wolle, ich solle nur gleich mal mit in den Stall gehen. Dort fügt er dann listig lächelnd hinzu, daß er eine Kuh besitze, die vom Farren angesteckt sei, aber welche es sei, das wisse er nicht mehr. Für einen Tierarzt sei das sicher eine Kleinigkeit, ich würde das bestimmt schnell herausfinden. Aha, ein Examen! Findet man da noch Worte! Und dann betont der arrogante

Knilch noch besonders, er wolle eine schriftliche Bescheinigung, daß dieses von ihm verdächtigte Tier im Farrenstall angesteckt worden sei. Abgesehen davon, daß man letzteres sowieso niemals bescheinigen kann, weil er ja einen eigenen Farren oder den eines Nachbarn oder Verwandten zum Decken benützt haben könnte, ist das einfach der Gipfel der Frechheit. Aber ich muß sagen, seit ich in Schwipfingen bin, habe ich schon allerhand gelernt, was den Umgang mit den Leuten angeht. Für die Sorte, zu der ein Mann wie der Brenner zählt, gibt es nur ein probates Mittel: am Geldbeutel packen! Da sind sie am empfindlichsten!

Gut also, der Zeppelin hat ausgeredet und ich beginne stillschweigend mit der Arbeit. Tier um Tier untersuche ich durch, und zwar gründlich. Ich lasse mir Zeit, tauche mein Scheidenspekulum immer wieder in die heiße Desinfektionslösung, schreibe mir von jeder Kuh Alter und Farbe auf und bin nach einer halben Stunde fertig. Es sind tatsächlich zwei Tiere, die Bläschenausschlag und Eiterausfluß haben, und ich schreibe dem Kerl anschließend sofort darüber eine Bescheinigung, wohlverstanden nur eine Bescheinigung über die Krankheitserscheinungen, nicht darüber, welcher Farren sie angesteckt hat. Und dann schreibe ich gleich weiter und schreibe seine Rechnung. Vierzehn Tiere untersucht, eine Bescheinigung, macht DM 45.–. Als er dann liest, kriegt er einen roten Kopf wie ein Feuerstehler und schreit, daß er doch nur eine einzige angesteckte Kuh hatte und daß er auch nur für eine bezahle und daß die Tierärzte die Bauern ausnützen und so weiter und so fort. Jetzt lache ich und warte geduldig ab, bis er ruhiger wird und ins Haus geht und das Geld holt. Wie ich über die Straßen heimwärts schleife, denke ich, der Zeppelin holt dich bestimmt nicht mehr so schnell wieder, aber sein Fett hat er weg, da gibt's keinen Zweifel. Und das war auch nötig.

Allmählich artet nun aber diese Trichomonadengeschichte zu einer echten Plage aus, und man spricht schon seit Wochen kaum mehr über etwas anderes. Die Jahreszeit trägt auch noch das ihrige dazu bei, denn jetzt im Winter bekommen die Tiere kein Grünfutter mehr, und daher sind sie abwehrschwach und den Trichomonaden schutzlos ausgeliefert. Wo man hinsieht, trifft man auf verheerte Ställe, auf tote Kälber, auf Muttertiere, die zur Schlachtbank müssen. Die unsichtbare Geisterarmee der Trichomonaden erobert Stall für Stall, erobert ganze Ortschaften, und niemand kann sie stoppen. Vor allem auch deswegen, weil die tierärztlichen Aktionen unkoordiniert sind und lückenhaft. Eine angesteckte Kuh wird behandelt, sie ist gesund, wird wieder gedeckt und wird aufs neue angesteckt. So ist das.

Die Trichomonadenschlacht läßt sich nur gewinnen, wenn man zuerst die Farren behandelt und dann alle Tiere, die von ihnen gedeckt werden sollen, vorher kontrolliert. Als mir das klar ist, marschiere ich aufs Rathaus und gebe einen Bericht zur Lage und schlage vor, daß man mich beauftragen soll, die Sache in die Hand zu nehmen. Der zuständige Beamte hört zu, lächelt dabei aber in einer mir recht unangenehmen Weise. Was er dabei denkt? Vielleicht an die Warzenkuh, vielleicht an meinen Sturz vom Heuboden, oder vielleicht denkt er nur, lassen wir ihn halt reden. Wenn da was gemacht wird, dann von unserem Kreisveterinär. Ich sage deswegen gleich klipp und klar, daß es doch eigentlich selbstverständlich wäre, wenn die Gemeinde ihren ortsansässigen Tierarzt etwas unterstützen würde, das könnte man doch erwarten. Mit ausgesprochener Zurückhaltung werde ich verabschiedet und mit dem Hinweis, man werde die Sache besprechen. Nun bin ich ja, das hat jeder schon gemerkt, zeitweise ein erstaunlicher Pechvogel. Und dieses mein Schicksal bewirkt, wie ich vermute, auch in dieser gespannten Atmosphäre wieder einen neuen Eklat. Hol's der Kuckuck! Ich bin gerade beim Zeppelin, der mich wider Erwarten doch noch einmal geholt hat, und soll die zwei angesteckten Kühe spülen, obwohl man das natürlich schon beim letzten Besuch hätte machen können. Aber Sie wissen ja, wie die Brenners sind. Also gut, ich nehme die

Albrechtsche Zange, fixiere den Muttermund, führe den Stahlkatheder ein, setze die 200er Spritze auf und infundiere meine Lugolsche Lösung. Ich habe die Spritze noch nicht halb leer, da beginnt die Kuh mit den Hinterbeinen zum Bauch zu schlagen und gebärdet sich wie eine, die echte Schmerzen hat. Nein, das kann doch nicht wahr sein! Eine Perforation, ein Durchstoßen der Scheidenwand oder des Tragsackes? War es das? Verflixt, etwas anderes kommt kaum in Frage. Was soll ich tun? Lugolsche Lösung in der Bauchhöhle, das ist ein Todesurteil, glaube ich zu wissen. Auch ich selbst habe plötzlich Bauchweh und nicht wenig! Da fällt mir der Rat meines Professors ein: Schlachten lassen auf der Stelle und dann heimgehen, die beste Flasche Wein aus dem Keller holen und danach, danach wieder frisch an die Arbeit! Sie kennen den Zeppelin, und Sie können sich ihn in den nun folgenden Minuten vorstellen samt seinen ekelhaften Reden und seinem Geschrei.

Der Oberin Burga berichte ich mein Unglück und sie akzeptiert, was ich jetzt tue. Wein haben wir ja keinen und deshalb mache ich's mit Most. Und in diesem Falle ist er wahrlich Arznei für mein seelisches Gleichgewicht und Balsam für meine Nerven. Ich liege auf dem Sofa, lese im Zöberlein und schenke mir ein. So geht's vorüber.

Am nächsten Tag fahre ich in der «Krone» vorbei, wo des Zeppelins Kuh im Schlachthaus hängt, und beschaue ruhig und sachlich den Schaden. Hm? Viel kann da nicht in die Bauchhöhle sein, ich sehe ja gar nichts. Der Kronenwirt, der mir nicht übel will, weil ich ihm schon seinen Moritz, seinen schwarzen, schönen Rottweiler, auf den er soviel hält, kuriert habe, meint, daß das ein Rätsel sei, wieso die Kuh so umgetrieben habe, denn er habe beim Ausnehmen absolut nichts gefunden. Na, wenn das nicht komisch ist. Dann habe ich sie also umsonst schlachten lassen!

Da inzwischen die Leute vom Viehversicherungsverein sich eingefunden haben, blöderweise, und sie sich auf Distanz von mir halten und angelegentlich an mir vorbeischauen, weil sie alle mit der Oberwespe zusammenarbeiten, da gehe ich zu dem Verein hin und erkläre ihnen, wie der Sachverhalt war. Die nehmen meine Worte recht unbeteiligt zur Kenntnis, so daß ich mich bemühe, trotz allem der Sache noch ein etwas freundlicheres Gesicht zu geben und sage:

«Wissen Sie was? Wo man arbeitet, werden Fehler gemacht. Wo man viel arbeitet, werden viel Fehler gemacht. Und wer keinen Fehler macht, der muß daher ein verdammt faules Schwein sein!»

Im Rausgehen höre ich sie lachen. Ich weiß wohl, eines Tages wird diese Geschichte wieder auf mich zukommen, denn mein Gegner wird sie sicher zu den Akten nehmen, aber vorderhand ist's gelaufen, und meine Haftpflicht wird zahlen müssen.

Was aber meinen Vorstoß bei der Stadt in Sachen Trichomonadenseuche betrifft, so höre ich überhaupt nichts mehr von der Geschichte. Bis eines Tages, so Ende Februar, ich per Zufall höre, daß am Freitagabend eine Bauernversammlung stattfindet, was die Stadt an der Molkerei durch Anschlag bekanntgegeben habe. Der Veterinärrat würde einen Vortrag halten. Oha! Da weiß ich ja, wie der Hase läuft. Die wollen mich gar nicht dabei haben! Aber sie werden sich täuschen.

Ich gehe hin. Der Saal ist gerammelt voll. Einen Tisch weg vom Rednerpult finde ich noch einen Platz. Der Bürgermeister eröffnet, begrüßt die Anwesenden. Dann steigt der Vortrag «Die Fruchtbarkeit im Kuhstall», und der Veterinärrat spricht viel und laut.

Bei der anschließenden Diskussion melde ich mich gleich zu Wort und bedanke mich zunächst für die Einladung, die mir nicht zuteil wurde. Dann nehme ich den Veterinärrat aufs Korn, denn endlich habe ich ihn einmal in der direkten Schußlinie. Ich frage gleich, wie es denn kommt, daß er als vollbesoldeter Beamter in seiner bezahlten Dienstzeit seinen frei praktizierenden Kollegen die Butter vom Brot stehlen darf. Und ich sprudle weiter, daß wir jetzt in einer Demokratie leben und er sich seine Kommißbeutelmethoden ruhig abgewöhnen soll und daß wir keinen Diktator mehr brauchen.

Der «Alte» wird abwechslungsweise feuerrot und leichenblaß. Das hat ihm noch keiner gesagt. Aber dann legt er los, droht eine Meldung an nach Stuttgart, stellt seine Erfahrung gegen meine Unerfahrenheit und zitiert letztlich genüßlich alle meine Mißerfolge im Einzelnen. Im allgemeinen Tumult schreie ich mein Schlußwort in den Saal:

«Ihr festgemauertes Imperium werde ich zertreten! Kein Stein wird mehr auf dem anderen sitzen, und wenn es zehn Jahre dauert! Mich kriegt keiner mehr von Schwipfingen fort!»

So eine Versammlung, das ist die einhellige Meinung aller Teilnehmer, hat es vorher nie in der Stadt gegeben. Da wird man noch lange davon reden. Ein kleiner Teufel hat den großen Dämon im Amt am Fell gezerrt.

Was aber die Durchführung der Kontrolluntersuchungen anbetrifft, so ist klar, daß man den Lutz engagiert und ich in die Röhre schaue. Wahrlich, ich habe noch wenig Freunde hier an diesem Ort. Und wir schreiben schon 1952, siebzehn Monate bin ich schon im Lande.

Aber wiederum kommt es hageldicht, was da an Steinwürfen des Schicksals mir zugedacht ist. Mein Sommer mit Iris wird nie mehr wiederkehren!

Statt ihrer selbst kam eines samstags ein Brief. Ein lieber Brief, ein glücklicher Brief, und für mich ein trauriger Brief. Auf einem Faschingsball hat sie einen jungen Rechtsanwalt kennengelernt. Es muß überwältigend gewesen sein für beide. In zwei Wochen schon werden sie heiraten.

Ich mache einen großen Spaziergang am Mühlbach, wo die Weiden stehen, und hänge den Kopf in den Boden, und das Eis knirscht unter meinen Schuhen. Schon wieder ist Liebe entflohen aus meinem Leben, schon wieder wird in das Tuch meiner Seele ein Loch gerissen. Es beutelt mich trotz meiner warmen Parka, trübsinnig irre ich durch die kalte Welt.

Das Erwachen des Frühlings in den folgenden Tagen mit dem ersten schüchternen Grün und dem Vogelgezwitscher in den Hecken und Bäumen werde ich überhaupt nicht gewahr. Wochenlang geht es mir schlecht, immer wieder muß ich an Iris denken, an mein liebes, romantisches Mädchen. Oberin Burga sieht mit Sorge, wie ich herunterkomme. Ich esse nicht recht und trinke zuviel. Oftmals komme ich auf über zwanzig Schnäpse am Tag. Neulich war ich so blau, daß ich die ganzen sechs Kilometer von Wasserheim rauf im Schritt fahren mußte. Ein paarmal bin ich sogar ausgestiegen, um nachzusehen, wo der Weg langgeht. Es war gut, daß so wenig Leute unterwegs waren um diese Zeit!

Im April, als unzählige Regenduschen vom Himmel rauschen und in den Ställen bereits wieder Legionen von Mükken sich etablieren, gibt es noch eine weitere Misère.

Auf dem Grasberg oben in Hochdorf kann eine Kuh nicht kalben. Sie gehört dem Spindler, der ein Schwager ist vom Kübler vom Wannhof. Zuerst haben sie's wie es so üblich ist, selbst probiert. Aber sie blickten nicht durch, der Fall schien ihnen kurios, ja mehr als kurios, wie mir der Spindler versichert.

Wie ich reinlange, bin ich selbst sprachlos. Da ist kein Kalb zu spüren, wohl aber Teile eines Kalbes und die von innen! Da spüre ich beim Abtasten zum Beispiel die Innenwand der Rippen, da berühre ich die Wirbelsäule und, unglaublich, da habe ich das schlagende Herz eines Kalbes in der Hand!

Sie, das ist auch für einen Tierarzt ungeheuerlich, das passiert ihm höchstens einmal in seinem Leben. Aber ich weiß, wie das in meinem Lehrbuch geheißen wird. Da sagen sie den lateinischen Namen «schistosoma reflexum» dazu, was halbwegs verdeutscht heißt, daß die Unterseite des Körpers an Brust und Bauch geöffnet ist und daß die

Seitenwände zum Rücken gebogen sind. Außerdem stehen die Beine meist in allen vier Richtungen ab, wie die Speichen eines Wagenrades. Aber so ein Tier kann leben, kann leben in einem anderen Tier, in seiner Mutter. Denn die Schädigungsmöglichkeiten der Außenwelt können es nicht erreichen. Nur jetzt, wo es nach draußen muß, wird es schwierig. Der große Durchmesser gestattet keinen Durchgang.

«Hier ist nur eine Embryotomie möglich», erkläre ich dem Spindler, «bei einem Kaiserschnitt müßte man ja die halbe Kuh zerschneiden, um so eine breite, sperrige Mißgeburt herauszubringen.»

Es ist also nötig, das Kalb in der Kuh in kleine Stücke zu zersägen und dann die Teile einzeln herauszuziehen. Deshalb treffe ich gleich meine Vorbereitungen und hole vom Auto die Instrumente. Jeder, der hört «in der Kuh sägen» hält das für ein unmögliches Unterfangen, aber es ist eigentlich ganz einfach und ist vor allem für das Muttertier absolut nicht gefährlich.

Wacker geht's los. Nach einer Stunde bin ich patschnaß geschwitzt am ganzen Leib, sehe schlimmer aus als irgendeiner, den Sie sich denken können, und dabei ist jetzt in zwei Schnitten erst etwa ein Drittel der Frucht herausexpediert worden. Aber da gibt's keine Ruhepause. Weiter geht es unverdrossen. Nach der zweiten Stunde komme ich mir schon recht zusammengeschunden vor. Ich blute am rechten Zeigefinger, mein Haar ist verklebt von Blut und Fruchtwasser, am ganzen Körper juckt es und brennt es. Längst sind alle Gedanken an steriles Arbeiten dem Drängen dieser Dauerstress-Situation zum Opfer gefallen und es geht jetzt einzig und allein nur noch darum, die Operation weiterzuführen, zu Ende zu führen, so oder so. Langsam wird der Geburtsweg, in dem ich bereits solange ununterbrochen herumwurstle, trocken und er verengt sich merklich. Das Arbeiten wird dadurch nicht unwesentlich erschwert. Ich schmiere ein Pfund Schweinefett hinein, und dann noch ein Pfund, aber es hilft nicht viel. Einmal sollte ich noch sägen, dann wäre es geschafft, dann könnte man auch den Hals und die Schulter vollends herausziehen. Nach einer weiteren halben Stunde habe ich die Sägenschlinge gelegt, es war auch allerhöchste Zeit, denn noch einmal wäre in dem zerquetschten und verschwollenen Geburtsweg keine Chance mehr. Jetzt ist der Bauer hinten an den Sägedrahtenden dran. Er muß jetzt ein letztesmal ziehen.

«Lange Züge – kurze Pausen», ermuntere ich ihn. Er ist bereits einige Male abgelöst worden, denn auch dies dahinten schlaucht, sägen im Sitzen! Und da tut's auf einmal einen Knacks, den Bauer haut's rückwärts gegen die Stallwand und in der einen Hand hält er ein abgerissenes Stück der guten 26-fädigen Säge aus Solingen. Aus! Aus ist es, ich habe es nicht geschafft. Genau da, an der einzig möglichen Stelle sitzt nämlich jetzt der Sägedraht eingeklemmt in den Knochen des Kalbes, drinnen in der Kuh. Selbst wenn ich eine zweite Säge dabei hätte, ich könnte sie nicht mehr anwenden, selbst wenn auch das ginge, der ganze Geburtsweg in seiner Enge läßt ein nochmaliges Manipulieren von längerem Zeitraum nicht mehr zu. Aus, stundenlang gearbeitet wie ein Ochse, die ganze Kleidung verschmutzt, die Säge kaputtgemacht, Arzneimittel verwendet und das Resultat, eine notgeschlachtete Kuh, ein verbitterter Bauer und kein Roter verdient. Denn was wollen Sie denn da verlangen! Ich kann nur das berechnen, was die anderen Kollegen in einem solchen Fall nehmen und das ist, wie ich zuverlässig weiß, nichts! Ja, genau! Sie verlangen nichts! Ich finde das blöde, ich finde, es ist wie ein Schuldgeständnis. Aber was hilft's? Die tierärztlichen Kollegen des Jahres 1952 spielen verrückt. Praxis um jeden Preis heißt ihre Devise.

Trotz alledem, selbst in diesem so schwer begonnenen Jahr zieht wieder ein Mai ins Land und ein menschliches Grundbedürfnis, das auch vor Tierärzten nicht halt macht, treibt mich jetzt häufiger denn je zu schnellen Fahrten in die Residenz. Theaterbesuch, meinen Sie? Auch so könnte man es heißen. Wissen Sie, es ist das kleinste Theater der Welt, das ich in Stuttgart aufsuche. Ja? Wissen Sie Bescheid? Nur einer hat darin Platz, und der sogar muß stehen!

Zeitlich schaffe ich das in zweieinhalb Stunden, inklusive. Selbst auf die Gefahr hin, daß Sie Böses von mir denken, bleibe ich bei der Wahrheit. Es geht nämlich nur deswegen so schnell, weil ich mich in der Altstadt neuerdings so gut auskenne. Ich weiß zum Beispiel, um wieviel Uhr die Fanny aus dem Bayrischen ihren Kleinlaster mit überdachter Couch bei der Leonhardskirche parkt, weiß, in welches Ladengeschäft man einfach eintreten muß, um mit der schicken Verkäuferin ein Schäferstündchen zu haben, weiß die alte zerbombte Kirche, in deren Gemäuer eine schnelle Absteige dem Eiligen sich bietet. Ein Hauch von Abenteuer, von Zigarettenrauch und Spermageruch zieht durch diese Welt mit den Mädchen. So verschrien sie sind, mein Körper braucht sie. Nervös und hastig jage ich meine kleine Kiste neckarabwärts, singend und entspannt kehre ich heim zum Wiesenbach. Ja, ja, die innere Sekretion! Wie ein Sturm ist sie, der losbricht, und ihre Winde fallen über mich her und schütteln mich. Und dann ist wieder Ruhe für ein paar Tage, und die Oberin Burga tut Soda ins Essen, um diesen Zustand zu erhalten.

«Im Kriege», sagt sie, «hat man's bei den Landsern auch so gemacht!»

Bei mir allerdings hilft dieses Mittel, wie ich feststellen muß, nicht die Bohne.

An einem Tage, der so schön ist, daß die Kinder scharenweise in die Wälder ziehen, um Maikäfer zu schütteln und Schlüsselblumensträuße zu pflücken, komme ich auch mal eben von so einem kleinen Ausflug zurück und freue mich, daß in meiner Abwesenheit nichts los war. Die Oberin bereitet gerade unser Nachtessen. Es gibt Rühreier und den Rest vom Kartoffelsalat von heute mittag. Nebenbei erfahre ich, daß die Emma Öchsle dagewesen sei und gefragt habe, ob man einer Sau auch Schnaps einschütten dürfe. Sie, die

Oberin, habe ihr dann geantwortet, den Schnaps sollte sie lieber selbst trinken, und wenn das Schwein nicht in Ordnung sei, dann sollte sie es eben sagen, dann käme der Herr Doktor vorbei. Die Emma Öchsle sei aber nicht darauf eingegangen und habe im Weggehen gemeint, die Sau fresse eben nicht, und sie werde es jetzt doch mit Schnaps mal probieren.

«Mich wundert's nicht», schließt die Oberin, «denn die Emma ist ein geiziges Luder, das weiß jedes Kind hier am Ort. Und ihr Mann hat nichts zu sagen, dem sein Name steht nur auf dem Kuttereimer. Sie sagt immer zu ihm, er solle eine Fliege verspeisen, damit er wenigstens ein bißchen Hirn im Leibe habe, aber sie selbst ist in dieser Beziehung auch nicht besser dran.»

Und was passiert nun? In der darauffolgenden Nacht läutet es punkt zwölf Uhr, und der Mann von der Emma steht reichlich bedeppert vor der Türe. Das Schwein fresse immer noch nichts und seine Frau schicke ihn, damit der Herr Doktor komme und eine Spritze gebe.

Hat man da noch Töne? Wie sagte mein Lehrtierarzt? Tierärzterei : Lumperei!

Daran muß ich denken, wie ich mich anziehe und zu Öchsles rausfahre mitten in der Nacht.

Es ist ein altes Einfamilienhaus, das in einem Garten steht und an dessen Rückseite man mit groben Dielenbrettern einen primitiven Stall fabriziert hat, in den gerade eine einzige Sau reinpaßt. Licht gibt's natürlich da draußen keines. Türe besitzt diese Einrichtung ebenfalls nicht, oben muß ich drübersteigen und dann tief gebückt in das dunkle, stinkende Loch kriechen. Ich sehe weder das Tier noch sonst was. Man reicht mir eine Taschenlampe herein, und bei ihrem trüben Lichte kann ich wenigstens die Umrisse des Schweines erkennen. Dann taste ich den Tierkörper ab, finde keine Backsteinplattern, das Auskultieren, das Abhorchen, bringt nichts, und auch mein Thermometer zeigt keine Temperaturveränderung. Weitere Aktionen sind nicht mehr drin, denn ich muß jetzt raus, da drin erstickt man ja, und von der Hockstellung bekommt man den Krampf in die Beine. Außerdem, wenn es diesem großen Schweine einfallen sollte aufzustehen, dann müßte ich ja hinliegen, für uns beide wäre es echt zu eng. Soll hier drin nachts um zwölf einer eine bessere Untersuchung machen! Man ist doch manchmal ein armer Hund als Tiermediziner!

Betreffs der Diagnose muß ich da natürlich zum Lateinischen greifen, denn die Emma kreischt mir schon die ganze Zeit die Ohren voll von wegen was dem Borstentiere fehlt.

«Kryptogene Indigestion!» erkläre ich, eine Verdauungsstörung unbekannter Ursache. Und daß sie nicht weiterfragt, bekommt sie gleich ein Geschäft und ihr Alter auch.

«Fort mit euch, in einem Eimer Lehm holen, mit Wasser und Essig anrühren zu einem Brei und dann das ganze Tier einreiben! Mittlerweile», so füge ich hinzu und marschiere zu meinem Auto, «bekommt das Schwein von mir eine ausgezeichnete Spritze!»

«Ut aliquid fieri videatur» sagen die Lateiner zu dem, was ich da in Gang setze. Das heißt auf gut Deutsch, du mußt jetzt was unternehmen, irgendwas, damit sie zufrieden sind.

Was würden Sie denn in einem solchen Falle tun?

Würden Sie ehrlicherweise gestehen, daß Sie nichts feststellen können, dann müßten Sie sich die Frage gefallen lassen, wozu Sie denn Tierarzt sind. Man hält Sie für unfähig und holt einen anderen, der dann sicher eine Diagnose zur Hand hat. Also spritze ich Rotlaufserum ein, denn Rotlauf ist die häufigste Krankheit der Schweine, und sie kann jederzeit ausbrechen, selbst hier in dem Prachtsstall von der Emma Öchsle. Und für Rotlauf ist auch das Einschmieren gut mit Lehm und Essigwasser, und daher auch machen sich trotz der Dunkelheit jetzt zwei Schwipfinger auf die Suche nach lehmigem Boden.

Aber irgend etwas läßt mich nicht mehr ruhig schlafen in dieser Nacht und so fahre ich schon in aller Herrgottsfrühe wieder zu dem Spezialfall von Öchsles, denn kein Tier verendet so rapide schnell wie Schweine. Auf alles gefaßt, nähere ich mich dem Stall und krieche hinein. Ich sagte «auf alles gefaßt» und muß dies auf der Stelle revidieren. Ich traue ja meinen Ohren nicht und nicht meinen Augen, denn quieksende Laute in feinen hohen Tönen erreichten mich, und im beginnenden Tageslicht sehe ich sieben kleine Tierkinder mit ihrer Mama friedlich dahinpennen. Das war also die komische Krankheit! O Tierärztlein, sage ich insgeheim zu mir, das darfst du aber keinem erzählen, da bist du ja blamiert bis auf die Knochen!

Wie aber nun die Emma gehört hat, daß da hinter ihrem Haus wer ist, kommt sie auch schon in ihrem Nachthemde zur Türe herausgewetzt, und ich rede zu ihr wie folgt:

«Die Spritze hat Wunder gewirkt. Die kryptogene Indigestion ist vorüber und das Tier hat einwandfrei geferkelt. Aber den Stall müssen Sie sofort vergrößern, denn statt einem Schwein besitzen Sie jetzt deren acht!»

Die Öchsles Emma ist daraufhin außer Rand und Band und hüpft in ihrem Nachthemd herum, daß ich wegschauen muß, so dürre Beine hat sie.

«Herr Doktor, denken Sie, das Schwein haben wir doch nur zur Mast gekauft. Kein Mensch hätte gedacht, daß es Junge kriegt. Nur gut, daß Sie das gleich erkannt haben. Kriptene Gestion, so hat das doch geheißen. Vielen, vielen Dank!»

Im Juli, wir haben dreißig Grad im Schatten und auf den Wiesen liegt zum Trocknen der zweite Schnitt, ein feines Gräschen, dünn wie ein Seidenschal, fahre ich gerade die Serpentinen vom Grasberg herunter und bin mit einem Male baß erstaunt. Denn was sehen meine Augen vor mir auf der Straße den Berg hinabsausen? Mein linkes Vorderrad! Wird scheint's langsam Zeit, mich nach einem anderen Fahrzeug umzusehen. Er hat ja auch bereits achtzehn Jahre auf dem Buckel, mein guter, alter DKW, und ich merke es da und dort, daß er eben nicht mehr so kann wie früher.

Auch am Zelttuchdach des Cabriolet bekomme ich das Alter des lieben kleinen Gefährtes zu spüren. Denn im Laufe der Zeit sind mannigfache kleine und auch größere Löcher darin entstanden, und wenn es regnet, so gibt es Pfützen im Wagen und ich selbst bekomme auch meinen Teil ab und es ist sehr ungemütlich. Obwohl, etwas Rührendes hat dieses mein erstes Auto auch an sich. Auf dem Boden, vorne rechts neben dem Gaspedal, wächst jetzt im Sommer Gras und es blüht sogar. Diese Naturverbundenheit des treuen Vehikels stammt von der Tatsache her, daß an meinen Stiefelsohlen oft Erde und auch Dung kleben, die sich dann dort unten in der Ecke sammeln und, da keine Putzwut meinerseits sie stört, einen erstklassigen Nährboden für die Entstehung von pflanzlichem Leben bilden.

Übrigens, als das Rad sich selbständig machte, ist gar nichts passiert. Ich habe gehalten, den Ausreißer wieder herbeigeholt und ihn auf die Achse geschoben. Nun brauchte ich nur noch einen dicken Draht oder einen Nagel als Splintersatz, damit ein zweites Entweichen nicht mehr stattfinden konnte, und der Kittel war geflickt. Doch vorsichtshalber habe ich das Wägelchen dann anschließend nach Hause geschoben, was bei seinem leichten Gewicht kein Problem darstellte.

Aber wie dann die ersten Regengüsse des Herbstes einsetzten und ich immer naß und nässer wurde, da war die Zeit der Trennung gekommen, und ich vertauschte mein liebgewordenes Wägelchen mit einem Ford, einer Limousine, einer alten, und saß fortan im Trockenen.

Eines Tages, wie ich mir gerade so fünf, sechs Butterbrezeln zu Gemüte führen will und einen guten, heißen Kaffee dazu, kommt einer daher namens Wickel mit seinem Schäferhund, der voller kahler, kreisrunder Hautstellen ist und der dazuhin stinkt wie ein Pissoir ohne Wasserspülung. Die Oberin hält sich die Nase zu, wie sie ihn hereinführt, und ich erkundige mich natürlich sofort danach, wo denn dieser Gestank herrührt, worauf der Tierbesitzer folgende Krankheitsgeschichte zum besten gibt. Der Hund sei schon sechs Wochen in Behandlung, sagt er, weil ihm die Haare rausgehen. Zuerst habe er ihn mit Schweinefett eingerieben, das habe aber nichts genützt, und daher sei er dann dem Rate seines Nachbarn gefolgt, der im Hundeverein ist. Der habe ihm versichert, daß das wunderbar abheile, wenn er nur sooft wie möglich darüberschiffe. Und so habe er von da ab, sooft er eben mußte, über den Hund hinuntergepinkelt. Aber der Ausschlag sei immer weitergegangen, und da sei er in seiner Not zum Apotheker gelaufen, der ihm eine teure Salbe verkauft habe, die aber überhaupt nichts half. Was sei ihm da anderes übriggeblieben als wieder weiter seinen Hund mit Urin zu behandeln. Nun aber ginge auch das nicht mehr, weil seine Frau den Hund nicht mehr in der Wohnung dulde. Ich, der Tierarzt, sei jetzt seine letzte Rettung.

So eklig der Fall, so dumm der Wickel, der arme Hund tut mir leid. Also mache ich zuerst das Fenster wagenweit auf und lasse den Gestank ein bißchen abziehen. Dann sage ich ihm, daß er seinen Hund am Kopf halten muß, damit ich einen Hautabstrich machen und diesen unterm Mikroskop untersuchen kann. Aber da hätten Sie ihn hören sollen.

«Wo denken Sie denn hin? Ich den Hund halten, und auch noch am Kopf, der beißt doch! Der hat sich ja nicht einmal einreiben lassen mit der Salbe vom Apotheker!»

«Das wird ja immer schöner», kann ich mich jetzt nicht mehr enthalten zu sagen. «Sie haben Angst vor Ihrem eigenen Hund und behaupten, die Salbe habe nichts geholfen, obwohl Sie die gar nicht angewendet haben. Jetzt aber marsch! Hier, sehen Sie her, so bindet man ihm die Schnauze zu, und so machen Sie es jetzt selbst auch zu Hause, denn ohne örtliche Behandlung kommt man bei dieser Sache zu keinem Erfolg.»

Tatsächlich wimmelt es in dem Hautgeschabsel nur so von Milben. Damit er besser kapiert, lasse ich den Hundeschiffer hineinschauen und erkläre ihm, daß er jetzt sicher einige Wochen zu tun hat, bis er diese ganze Gesellschaft ausgerottet hat und die Räude, um die es sich hier handelt, abheilt. Er bekommt einen großen Kolben Arznei mit und muß den Hund wieder in einer Woche vorführen, aber ohne Gestank bitte!

Wie er draußen ist und die Oberin das ganze Haus lüftet, spricht sie zu mir:

«Da bin ich wirklich mal gespannt, ob der auch zahlt. Der hat in der ganzen Stadt Schulden wie ein Säutreiber.»

Sie sehen, ich springe, ich krieche, ich hüpfe und komme nicht vom Fleck. Ich tue Mögliches und Unmögliches und ich komme nicht vom Fleck.

Doch eines Nachmittags, wie ich gerade in der Kreisstadt bin, um mir ein Paar neue Gummistiefel für den Stall zu kaufen, lerne ich per Zufall eine junge Dame kennen, die mir gut gefällt. Sie ist zwar keine Schönheit, aber sie hat ein liebes Aussehen und eine sehr nette Art.

Im Schuhgeschäft treffen wir aufeinander. Ich schlüpfe gerade in einen Gummistiefel, sie in einen Hausschuh. Da ist es wirklich nicht schwierig, Kontakt aufzunehmen. Mein Nebenan ist freundlich, aber zugleich auch zurückhaltend, wie ich bemerke. Trotzdem bringe ich das fremde Fräulein soweit, daß ich es ein Stück begleiten darf, und ich erfahre dabei, daß es sich bei ihr um eine passionierte Tennisspielerin handelt.

Obwohl ich nun Zeit meines Lebens nur ein sehr dürftiges Interesse an dieser Sportart aufgewiesen habe, scheint diesbezüglich ein rapider Wandel im Gange zu sein, denn ich finde mich von nun an täglich für einige Zeit beim Clubhaus in der Kreisstadt ein, um speziell gewisse Damen-Einzel zu studieren. Dabei finde ich heraus, daß gutsitzende Shorts eine echte Augenweide sein können und daß auch gegen weiße, durchsichtige Blusen überhaupt nichts vorzubringen ist.

Die junge Dame mit den Hausschuhen von neulich wird von ihrer Partnerin «Monika» gerufen, und die junge Dame geruht auch anschließend an ihr Training mir bei einer Tasse Kaffee meine Fragen zu beantworten. Selbstredend erkundige ich mich nach den Tennisregeln, nach dem Clubgeschehen und was da alles sonst noch damit zusammenhängt. Ich bekomme intelligente und zum Teil recht lebhafte und auch lustige Antworten. Sobald ich aber etwas weiter gehe und mich nach der Tennisspielerin Monika persönlich erkundige, da merke ich, daß sie nicht mehr so frei daherspricht. Aber das wird sich schon noch geben. Jedenfalls bleibe ich fest am Ball, und es hat den Anschein, als ob diese Monika überhaupt nicht ärgerlich darüber ist, was das betrifft. Sie wird auch zunehmend freier in der persönlichen Unterhaltung, so daß ich es nach zwei Wochen versuche, sie für den Samstag nachmittag zu einem Spaziergang einzuladen. Bei Moni, das habe ich schnell herausgekriegt, kann man nur mit viel Geduld vorankommen. Das ist kein Mädchen, das jedem x-Beliebigen gleich um den Hals fällt. Und das freut mich erst noch! Wir wandern also durch die Natur, haben auch Treffs in den Cafés und allmählich sind wir beide recht tüchtig ineinander verliebt, wie mir das vorkommt. Allerdings eines ist nach wie vor komisch, über ihre Eltern und ihr Zuhause spricht sie kaum. Zudem vermeidet sie streng, daß ich sie heimbringe oder abhole. Auch ihre Telefonnummer ist vorläufig noch ein Geheimnis. Bis wir eines Tages einen Waldspaziergang machen und auf dem Rückweg einem Manne begegnen, der einen kleinen viereckigen Rucksack auf dem Buckel trägt. Dieser Mann scheint Moni zu kennen, und er tritt auf sie zu.

«Entschuldigung, Fräulein Lutz», spricht er, «richten Sie doch bitte Ihrem Herrn Vater aus, daß ich mit dem Einziehen seiner Rechnungen fertig bin und morgen abend zur Abrechnung komme.»

Ich sehe, wie meine Moni erstarrt und wie sie nur mit dem Kopf nickt und gleich weitergeht. Wie ich nachkomme, bleibt sie stehen und blickt mich an.

«Veith», sagt sie, «an deinem Blicke habe ich gesehen,

daß du den Beruf dieses Mannes da erraten hast. Sein Trichinenmikroskop auf dem Rücken ließ ja keinen Zweifel zu. Es war der Fleischbeschauer Eisele, der für meinen Vater die Rechnungen bei den Bauern seines Fleischbeschaubezirkes kassiert. Du weißt also jetzt, daß ich die Tochter des Kreisveterinärrates bin, mit dem du im Kriegszustande lebst.»

Ich falle aus allen Wolken. Ja, zum Teufel, ist mir denn keine Liebe gegönnt? Schon wieder überziehen Schatten mein Sonnenland, und was für welche! Ich habe das Gefühl, wie wenn etwas anmutig Schönes gräßliche Zerstörung erleidet. Moni muß es mir ansehen. Zum erstenmal nimmt sie mich in den Arm, bedrückt gehen wir durch den Abend.

Wie ich an diesem Tage heimkomme, merkt die Oberin Burga sofort, daß da etwas los war. Besorgt steicht sie mir übers Haar, und da setze ich mich neben sie auf unser Sofa und erzähle ihr.

«Ein Schock für dich, armer Junge, das muß es ja sein, aber – überleg' es dir mal! Wenn die Moni die Richtige für dich ist, dann hat ja nun alle Not ein Ende.»

«Ja, ja, wenn. Wer weiß, ob der Dämon ihres Vaters nicht dauernd von jetzt ab zwischen uns steht. Wer weiß, ob ich das alles vergessen kann, was war!»

«Schon gut, warte erst mal ab, wie sich alles weiterentwickelt. Die Hauptsache ist vorderhand ja nur, daß es eine richtige Liebe gibt zwischen dir und deiner Freundin, dann regeln sich die anderen Dinge bestimmt ganz leicht!»

Es ist so beruhigend, der kräftigen, entschiedenen Stimme der Oberin zuzuhören. Und es stimmt ja auch immer, was sie sagt. Also schaue ich mich nach einem schönen Weihnachtsgeschenk um für Moni und bin lieb zu ihr und zärtlich. Mein ganzes Herz trage ich zu ihr, aber nach wie vor sträuben sich mir die Haare, wenn ich darandenke, daß sie die Tochter der Kreishornisse ist.

Jedoch in der Praxis beginnen mir recht erstaunliche Dinge aufzufallen, die es noch nie gegeben hat. Da bekomme ich beispielsweise ein Lob aus allerhöchstem Munde überspielt vom Märzenbauern, bei dem ich eine Fremdkörperkuh operiert habe, die schnell und tip top geheilt ist. «Saubere Arbeit!» hieß es da. Oder wenn ich zum Beispiel dem blauen Opel Olympia begegne des Imperialisten, und wenn ich wie immer hinschaue und grüße, dann blickt er nicht mehr weg wie bisher, sondern grüßt zurück. Es scheint, daß eine Art Waffenstillstand einziehen will zum Jahresende. Auch meine Träume, in denen ich den Alten erwürge und ihm den Bauch aufschlitze, lassen langsam nach. Es ist ein gutes Gefühl, das zaghaft mich über die Schwelle hinüber in das Jahr 1953 begleitet.

5. Kapitel
Explosion am Waldrand

Im Januar des neuen Jahres habe ich einen guten Start. Denn man holt mich zu einem Pferde, und das ist auch heute noch eine Seltenheit. Und zwar hat da anscheinend der Wiesenbauer, dessen Hof direkt hinter der Oberin Burga ihrem Anwesen beginnt, den Kreisveterinär angerufen, er solle kommen, weil der Wallach Fritz eine böse Augenverletzung habe. Kopfschüttelnd sei der Wiesenbauer dann vom Telefon gekommen, weil man ihm ziemlich barsch bedeutet habe, daß doch nebenan bei ihm ein Tierarzt wohne, wozu er dann den Kreisveterinär extra nach Schwipfingen hinausjagen wolle! Diesen Hergang erfahre ich erst hinterher, und so bin ich natürlich zum Wiesenbauer sehr freundlich, weil er so spontan sich an mich wendet. Der Fritz sieht übel aus. Sein rechtes Auge ist ein einziger Klumpen geronnenen Blutes, und er läßt den Kopf hängen und sein Besitzer nicht weniger. Denn der Wiesenbauer gehört noch zu der Generation, die ihren ganzen Stolz in ihr Pferdegespann setzt. Man fährt mit zwei Rappen, mit zwei Braunen, mit zwei Füchsen. Sie müssen gut zusammenpassen in der Größe und in der Farbe. Selbstverständlich, daß die Tiere immer im allerbesten Pflegezustand sind, genauso wie ihr Geschirr. Deshalb ist jetzt der Kummer groß. Zuerst lasse ich den Wallach im Stande umdrehen, damit Licht auf das Wundgebiet fällt. Dann beginnt eine vorsichtige Reinigung und Entfernung des geronnenen Blutes. Aha, so ist das gelaufen! Jetzt sieht man's deutlich, was los ist. Der obere Augendeckel, das obere Augenlid ist von oben nach unten durchgespalten, ansonsten scheint alles unversehrt. Da gehe ich nun doch gleich mal zum Futterkorb vor und schaue mich um, wo der Fritz diesen Schmiß herhaben könnte.

«Wiesenbauer, da schauen Sie einmal her! Sehen Sie die abgerostete Metallstange, die da in Ihrem Futterkorb wegsteht! In die ist das Pferd bei einer Abwärtsbewegung seines Kopfes mit dem Augenlid eingehakt. Natürlich hat's da alles zerfetzt. Schöne Bescherung! Jetzt holen Sie zuerst eine Zange und zwicken die Stange ab, bevor wir sonst was tun!»

Während der Bauer tut, was ihm geheißen, bereite ich meine Instrumente vor. Aber ich habe da ein Problem. Das Nähen selbst macht keine Schwierigkeiten, die paar Fäden sind schnell gesetzt. Aber wer läßt sich schon gerne den Augendeckel nähen? Sie vielleicht? Und ohne Narkose? Als Pferd würden Sie da sicher auskeilen und den Plagegeist mit Ihren Hufen wegputzen. Tut es nicht schon genug weh, muß da extra noch einer drinrumstechen! Wenn ich eine örtliche Betäubung in Betracht ziehe, dann muß ich mit meiner Nadel ein paarmal da oben reinstechen, und Sie wissen ja, eine Nadel ist spitz und scharf und der Kopf eines Pferdes läßt sich absolut nicht so festhalten, daß er nicht ruckartige Bewegungen machen könnte. Also besteht die Gefahr, statt zu heilen eine neue und noch schlimmere Verletzung zu verursachen. Und eine Vollnarkose? Das wäre wahrscheinlich das Beste. Obwohl, wenn ich an die Umstände denke, die damit verbunden sind, dann bezweifle ich die Richtigkeit einer solchen Aktion. Denn, wissen Sie, das geht bei Pferden nicht so einfach. Hier im Stall ist es ganz und gar unmöglich. Man braucht viel Platz, man müßte es draußen auf der Wiese tun. Denn wenn das Pferd umfällt, wenn es müde wird im Narkoserausch, dann muß es sachgemäß auf eine große weiche Polsterung fallen, wie zum Beispiel eine Strohmatratze. Und dann braucht man so circa fünf, sechs Leute dazu und so weiter. Es ist wahrlich ein ganzer Zirkus, der da erforderlich ist, und heute am 3. Januar, wo draussen eine Hundskälte herrscht von zehn Grad minus, ist gar nicht daran zu denken. Also kurzer Entschluß, das nähe ich stehend freihändig ohne alles! Der

Fritz ist bis jetzt, das muß ich sagen, ganz manierlich, und ich hoffe, daß er sich auch weiterhin nichts zuschulden kommen läßt. In bodenlosem Leichtsinn stelle ich mich vor ihn hin und strecke mich und reiche gerade mit meinem Nadelhalter soweit hinauf, daß ich zum erstenmal einstechen kann. Der Fritz rührt sich nicht von der Stelle. Von Rechts wegen hätte er mir ... na ja, er tut es eben nicht! Der Wiesenbauer steht dabei und hält nur das Stallhalfter, und er bringt sein Maul nicht mehr zu vor Staunen, weil es wie ein Wunder ist, daß sein Fritz hinsteht wie ein Lamm, wo er doch sonst ein recht aufgeweckter Bursche ist. Nur drei Fäden sind nötig, dann ist das Ganze gelaufen. Ehrlich gesagt, ein zweitesmal riskiere ich das nicht mehr. Der Kerl hätte mich ja glatt totschlagen können, und ich hätte keine Chance gehabt zu reagieren bei seinem Angriff, weil ich doch nur nach dort oben mich konzentrieren mußte, auf den Augendeckel in der Verlängerung meines gestreckten Halses. Aber warum soviel darüber reden. Ich schmiere noch eine Augensalbe rein, und fertig ist die Sache. Der Wiesenbauer macht keinen Hehl daraus, daß der Dr. Pfeffer seinen Fritz eine Viertelstunde lang glatt hypnotisiert habe, denn sonst könne man ja niemals dem was am Kopf machen, weil er so unruhig ist. So nimmt jetzt auch einmal eine für mich schmeichelhafte Kunde ihren Weg durch das Schwipfinger Landvolk. Gelegentlich stellt auch die Oberwespe a.D., wie mir berichtet wird, fest: «Saubere Arbeit!» So kann Leichtsinn zu Ruhm verhelfen!

Neulich bei der Müllers Klara, die eine attraktive Witwe ist mit großem Viehbestand, komme ich in eine Situation, in die nur ein Tierarzt sich verirren kann. Denken Sie, sie hat mich hinbestellt, damit ich ein krankes Kalb behandle, und wie ich hinten in den Hof reinfahre, ziehe ich gleich meinen Arbeitsmantel an und betrete den Stall. Bei der Müllers Klara muß man nämlich zuerst durch den Stall, bevor man an das Wohnhaus kommt, und deshalb hat mich auch noch niemand bemerkt. Just zu dem Zeitpunkt spüre ich einen Mordsdruck auf der Blase und ich zögere daher keinen Augenblick, unschicklich geschwind in die Jaucherinne des Stalles zu pinkeln. Auf dem Land ist das ja so üblich. Unglücklicherweise aber hebt, von mir vollkommen unbeachtet, denn ich blicke ja wie alle Männer dem Strahl nach, den ich erzeuge, die nächststehende Kuh ihren Schwanz und pflatsch, schon ist es passiert. Die schicke Bäuerin, die gerade in diesem verflixten Augenblick zur Türe hereintritt, steht einem Akademiker gegenüber mit spinatüberzogenem Penis. Denn den kann man so, wie er im Augenblicke gerade beschaffen ist, natürlich nicht einfach zurückstopfen, das ist klar, und die Frau Müller, die sich fast nicht mehr kriegt vor verdrücktem Lachen, sagt, daß sie gleich warmes Wasser holt und ein Handtuch. Ich kann Ihnen flüstern, ich komme mir nicht sehr berühmt vor, wie ich da warte, bis sie das Wasser bringt. Das Gröbste an der Hose entferne ich mittlerweile mit Stroh und am Wasserhahn. Wie sie nun daherkommt und sogar eine duftende Seife mitbringt, will sie sich sogleich selbst ans Werk machen und mit zarten Fingern die Sache in die Hand nehmen. So vollbusig und adrett aber auch meine Samariterin ist, das geht mir denn doch zu weit. Immerhin habe ich ja eine feste Freundin, und außerdem, was die Klara angeht, da weiß jeder Schulersbursch, mit wem die's hat, weil sie nämlich ihr Maul nicht halten kann. Zur Reinigung selbst drehe ich ihr den Rücken hin, weil sie nicht weggeht. Wie ich aber fertig bin und aufblicke, merke ich, daß sie sich so gestellt hat, daß sie doch hat zuschauen können. Sie werden's mir glauben, das war das erste und das letzte Mal, daß ich in einem Stall versonnen meinem Strahl nachgeblickt habe.

Was die Schlacht gegen die Trichomonadenseuche betrifft, so stelle ich fest, daß man zwar allenthalben allerhand Rauch macht und etliches Feuerwerk abbrennt, daß im Grunde aber sich gar nichts ändert und die lieben Kleintierchen weiterhin stallauf stallab ihre munteren Späßchen treiben.

Allerdings, und das ist brandneu, man hat mir auf höheres Geheiß jetzt erlaubt, ebenfalls deckfähige Tiere zu untersuchen und Bescheinigungen darüber auszustellen. Auch auf einem anderen Gebiet der Seuchenbekämpfung, dem Verfahren zur Tilgung der Rindertuberkulose, bekomme ich überraschend einen unerwarteten Job zugewiesen. Vom Veterinärrat wird mir in einem höflichen Schreiben mitgeteilt, daß ich die Gemeinde Schiefertal zur Tuberkulinisierung zugeteilt bekomme. Das mit dieser Tuberkulosegeschichte muß ich erkären, es verhält sich so: Man hat eine neue Methode gefunden, die es erlaubt, angesteckte Tiere mittels einer kleinen Impfung in die Haut zu ermitteln. Daher werden jetzt alle Gemeinden durchgeimpft in halbjährlichem Abstand, und die Kranken werden daraufhin abgesondert und später der Schlachtung zugeführt. Nun ist das beileibe mit dem Schiefertal-Impfen keine große Sache, ich schätze, daß das im Jahr vielleicht sechshundert Mark ausmacht, aber immerhin! Der Obrigkeit Sonne scheint auf mein Hornissengebrumm gewohntes Haupt, und Frieden breitet sich über die Fluren.

Und so könnte ich eigentlich höchlichst zufrieden sein in diesem Frühjahr, wenn mich nicht mein Verhältnis zu Monika ständig zunehmend bedrücken würde.

Ich sage es Ihnen ganz offen. Was mich stört, das ist, daß Moni absolut keine Zärtlichkeiten vertragen kann und daß sie auch so gut wie keine austeilt. In vier Monaten hat es nur zu einigen wenigen kurzen und kalten Küssen gereicht. Ich denke keineswegs, daß eine Frau gleich mit einem ins Bett springen muß, wenn sie einen liebt, aber so auf die kalte, reservierte Tour, das bekommt mir gar nicht. Ich bin nun einmal so, daß es nichts Schöneres für mich gibt als Umarmungen und zärtliche Berührungen. Deshalb empfinde ich es immer wie ein kalte Dusche, wenn Monika mich wegdrückt, wenn gerade das Glück in mir aufsteigt, wenn meine Empfindungen sich verdichten zur Seligkeit des Haut-Hautgefühls. Ist nicht schon für das Kleinkind das

Wärmefühlen am Körper der Mutter seine engste Lebensbeziehung? Ich brauche das heute noch, ich empfinde dies als Auflösung meiner Einsamkeit und als Grunderlebnis naher menschlicher Verbindung. Oftmals spreche ich mit Monika über dieses Thema, das heißt, ich versuche es jedenfalls. Und immer wieder frage ich mich, ist das Überlegung bei ihr? Hat sie schon zu viel über mich gehört, will sie auf keinen Fall mit mir vom Heuboden purzeln? Oder kommt das von der Erziehung her, vom Elternhaus oder von der Kirche? Oder ist sie so in ihrem Wesen, ist sie eben kalt in diesen Dingen, sind für sie Hingabe, Zärtlichkeit, sich verschenken Fremdwörter? Aber leider, nie bekomme ich eine Antwort. Hier wird mir die Monika Lutz, die ich liebe, zum zweiten Male fremd. Denn sie spricht in dieser Sache kein einziges Wort. Wo sie sonst vor Lebenslust sprüht, hier stellt sie sich hinter eine Mauer des Schweigens.

Die Folgen sind Verstimmungen und zunehmende Zweifel. Lange, allzulange kann ich diesen Zustand nicht ertragen, auch wenn ich liebe, oder gerade wenn ich liebe. Es findet daher zwangsläufig im Bereiche meines Unterbewußtseins eine negative Aufladung statt. Und am ersten Mai, da kommt es zur Entladung. Wir sind an diesem Tag schon sehr früh aufgebrochen und wandern nun vergnügt und ausgelassen durch Wiesen und Felder. Wie Kinder springen wir den Berg hinab, pflücken Blumen, singen Lieder und sind rundum in bester Laune. Um die Mittagszeit lagern wir an einem Waldrand, ich breite meinen Anorak aus, und wir ziehen unsere Vesperbrote hervor, und Moni hat Bohnenkaffee dabei und ich zwei Flaschen Bier. Es ist ein wunderschöner Lagerplatz, gerade nach Süden zu, und die Sonne scheint warm und weich auf unsere winterblassen Gesichter.

Nach der Mahlzeit sage ich: «Komm, jetzt legen wir uns noch ein bißchen in die Sonne und machen's uns gemütlich!»

Ich merke aber gleich, daß ihr das nicht sehr willkommen

ist. Jedoch nach einigen Überredungskünsten liegen wir nebeneinander auf der Parka und genießen des Frühlings Gaben, das Vogelgezwitscher, das junge Grün, den blauen Himmel und die warmen duftenden Lüfte. Da rücke ich etwas näher, streichle ihre Hände und suche ihren Mund. Sanft will ich sie küssen, das Herz läuft mir über vor Glück. Sie aber zuckt zusammen, dreht sich weg und springt auf.

«Verflucht und zugenäht», ein Sturzbach von erregten unkontrollierten Worten quillt aus meinem Munde hervor. Ich habe mich selbst noch nie in einer so aggressiven Rolle einer Frau gegenüber erlebt. Kein Ton kommt über ihre Lippen. Den Kopf gesenkt, läuft sie weg, ins Tal hinunter, der nächsten Ortschaft zu. Ich sehe, wie sie Tränen abwischt, wie sie stolpernd eilt und schluchzt. Aber ich folge ihr nicht. In mir tobt zwar ein heftiges Für und Wider, aber ich wende mich und gehe in der anderen Richtung. Ich hätte ihr nachlaufen können und sie in die Arme schließen, aber was wäre daraus geworden? Sie hätte mich weggeschoben, wäre weitergelaufen und hätte geschwiegen. Nein, so kann es nicht weitergehen. So oft habe ich es ihr schon gesagt, daß ich Wärme und Zärtlichkeit brauche, daß dies für mich wichtiger ist als Essen und Trinken. Ach, ich habe kein Glück mit meinen Frauen! Aber vielleicht besinnt sich Moni, vielleicht kann sie auch anders, vielleicht war dies ein heilsamer Schock für sie.

Verbissen, aber nicht ohne Hoffnung warte ich in den folgenden Tagen auf eine Nachricht von ihr. Aber es kommt nichts. Die Oberin spricht von zwei Dickköpfen und drückt die Hoffnung aus, daß es sich wieder einrenkt. Aber der Mai vergeht, und es geschieht nichts. Das endgültige «Aus» erfahre ich auf recht ungewöhnlichem, aber unmißverständlichem Wege.

Da sitze ich eines Sonntagabends mit der Oberin zusammen in der guten Stube, wo wir immer Gespräche führen über Gott und die Welt und wo wir beide voneinander lernen, als recht aufdringlich die Hausglocke betätigt wird und der Wiesenbauer von nebenan vor der Türe steht und äußerst rabiat tut und schreit, daß ihm gerade eine Kuh aufgelaufen ist und sie jeden Augenblick verrecken kann. Im Sonntagsanzug und in den Pantoffeln hetze ich eine Minute später hinter ihm her, in der einen Hand einen Trokar, in der anderen ein Metzgermesser. Eine aufgelaufene Kuh ist eine aufgeblähte, und gebläht ist sie, weil der Wiesenbauer beim Füttern nicht aufgepaßt hat und sein Kleegras, das er schon am Samstag geholt hat, innen warm geworden ist und im Magen der Kuh zu einer enormen Gasbildung geführt hat. Wie wir reinkommen in den Stall, schreit uns die Bäuerin schon entgegen: «Grad ist sie verreckt!»

Ich springe schnell herzu, sehe, daß sie den letzten Schnapper macht und schneide ohne Zögern durch die dicke Lederhaut des Halses, bis das rote Blut herausschießt. Schnell färben sich meine Pantoffeln triefend rot, und auch mein Sonntagsanzug bekommt seinen Teil ab. Aber die Genußtauglichkeit des Fleisches ist gerettet, denn anschließend lasse ich auch gleich noch den Metzger kommen, der sofort den Bauch öffnen muß, damit der Gärungsgeruch vom Mageninhalt sich nicht dem Fleische mitteilt. Das war Glück im Unglück, Rettung in letzter Sekunde. Meine Frau Oberin B.B. allerdings ist weniger erbaut, wie ich so blutdurchtränkt heimkomme und äußert Zweifel, ob so ein temperamentvoller Einsatz denn auch entsprechend honoriert wird. Denn es sei ja der Anzug zur Reinigung zu geben, die Pantoffeln in den Kuttereimer zu werfen und die Socken und das Hemd zu waschen. Aber ich für meine Person bin sicher, daß hier Entschlußfreudigkeit und Handlung genau stimmten. Nur, am nächsten Tag, als ich dem Wiesenbauern begegne und ihn frage, was für einen Stempel seine Kuh bekommen hat bei der Fleischbeschau durch den Veterinärrat, da trifft es mich wie ein Hammerschlag:

«Abtransport in die Tierkörperbeseitigungs-Anstalt nach Süssen wegen Tötung im Verenden!»

Kollege Dr. Lutz hat das «Aus» gesprochen! «Aus»

bezüglich des Friedens in der Praxis, «Aus», was Monika betrifft. Denn die Kuh vom Wiesenbauer war noch einwandfrei ausgeblutet, sie hätte nie und nimmer «untauglich» gestempelt werden dürfen. Denken Sie nur an die tatsächlich schon gestorbene Kuh damals zu der Zeit, als ich noch im «Adler» wohnte. Da hat es geheißen, der Kuh hat doch gar nichts gefehlt, wie kann man die in die Tierkörperbeseitigungsanstalt schicken!

Von jetzt ab weht mir der scharfe Wind von ehedem wieder voll ins Gesicht, Monis Vater ist auf totalen Kollisionskurs gegangen.

Ob ich traurig bin? Ja, schon, aber ich meine, daß Monikas Verhaltensweise keine gute Grundlage für ein eheliches Zusammenleben darstellte und daß es daher besser war, ein Ende mit Schrecken zu erleben als einen Schrecken ohne Ende. Es kommt zu weiteren, sehr unerfreulichen Erscheinungen, was die Lutzschen Taktiken betrifft. Da werden mir zunächst mal meine Stall-Listen, die ich im Tuberkulinisierungsverfahren Schiefertal zu führen habe, und die ich dem Veterinärrat einreichen muß, zurückgeschickt. Als Begründung wird angegeben, daß ich der Rubrik «Geburtsjahr» bei den Rindern nur 49 oder 51 oder 52 eingetragen habe statt 1949 und 1951 und 1952. Nun bin ich ja, das muß ich gestehen, ein notorischer Gegner von allem Schriftkram. Daher kürze ich ab, was mir vertretbar erscheint, oder mache Strichlein drunter, statt zehnmal die gleichen Worte zu schreiben. Auch bin ich in Statistiken und Ähnlichem von einer bedauernswerten Leichtfertigkeit, welche sicher manchen Tadel rechtfertigt. Aber hier bei diesen Listen, da habe ich mir wirklich Mühe gegeben, denn sie wurden abgeschickt, als noch alles in Butter war.

«Echt Beamter, echt Griffelspitzer!» schreibe ich deshalb auf einen Zettel und dazu noch «In Schiefertal existieren keine Rinder mehr aus dem Jahre 1849!»

Mit dieser Widmung gehen die Listen umgehend an den Absender zurück.

Der Gegenschlag meines Exschwiegervaters läßt nicht lange auf sich warten. Per ersten August führt er in allen Gemeinden die Sammeluntersuchung im Farrenstall ein. Das heißt, für Tiere, die gedeckt werden wollen, kann ich keine Bescheinigungen mehr ausstellen, weil grundsätzlich alle beim Sammeltermin seiner Majestät vorgeführt werden müssen. Damit hat er mich hoch im Bogen aus dem Trichomonadengeschäft hinausgeworfen, sein Vernichtungsfeldzug läuft auf vollen Touren!

Dagegen habe dann ich aber noch Ende Juli einen spektakulären Auftritt, der mir gewaltig guttut.

Da ruft mich nämlich der Bürgermeister von Schiefertal an und teilt mir mit, daß sein teuerster Farren jede Nahrungsaufnahme verweigere und daß das Tier seit zwei Tagen bereits erfolglos behandelt werde von einem Kollegen von mir. Namen nennt er keinen, aber das ist ja auch belanglos. Hauptsache, ich komme mit dem Rathaus in Schiefertal mal ins Geschäft.

Wie ich erscheine, zeigt sich der Farrenwärter äußerst skeptisch und reserviert. Dennoch bestehe ich drauf, daß er mir die Arzneiflaschen vorweist, die er seither zur Behandlung verwendet hat. Aha, Tinctura Gentianae, Tinctura Veratri usw., ja ja, das kenne ich, dieses Rezept stammt von der Hornisse Lutz und dient zur Anregung der Magentätigkeit.

Der Patient selber, der Zwanzigzentnerbulle, tut nun aber keineswegs recht krank und schlapp. Im Gegenteil, er präsentiert sich in recht gereizter Stimmung und meine Annäherungsversuche zum Zwecke einer genauen Untersuchung quittiert er ungnädig mit dem Hin- und Herwerfen seines riesigen Schädels und mit der Ausstoßung von Kampfschreien. Dabei scharrt er mit den Vorderfüßen die Streu, daß sie hoch hinter ihm durch die Luft fliegt. Der Farrenwärter steht seitwärts im Gang, hat die Arme vor der Brust verschränkt und lächelt vor sich hin. Ich weiß schon, was der denkt, und ich weiß auch, warum das Tier noch nicht geheilt werden konnte. Gewiß nämlich ist auch der Herr Kollege Superstar Lutz, der vor mir da war, nicht rangekommen an diesen tobenden Vulkan. Und von wegen dem Einschütten der Arzneimittel, da haben die keinen Tropfen reingebracht, wie sollten sie auch! Der Kerl zerquetscht einen ja zu Mus, wenn's ihm nicht paßt. Aber ich selbst sollte jetzt echt was zeigen, das ist mir klar, und so herrsche ich den Lächler an, daß er schnurstracks mir ein Wellenseil besorgt und weitere zwei Männer, aber hopphopp, denn ich kann mich nur wegen seinem Farren da keine halbe Stunde hinstellen und meine ganze Praxis flöten gehen lassen!

Das Seil brauche ich, damit ich es um die Hörner legen kann, und anschließend wird es dann um einen dicken Balken oberhalb des Futtertisches geschlungen, so daß der Kopf fixiert ist. Als erstes lasse ich den Delinquenten natürlich mit dem Stab am Nasenring halten, und dann sollte man schon mit dem Riesentier umgehen können. Ich vermute nämlich, daß dieser Kerl hier Schwierigkeiten im Maul hat, vielleicht an der Zunge, vielleicht an den Zähnen. Das hatte ich nämlich schon einmal, in meiner Praktikantenzeit! Damals allerdings bei einer friedlichen Kuh. Die fraß auch kein Maul voll mehr. Wie ich da reingelangt habe, stellte ich fest, daß beim Zahnwechsel ein Backenzahn nicht ganz sich herausgelöst hatte und nun halbschräg, auf der einen Seite noch am Zahnfleisch hängend, mit scharfen spitzen Kanten bei jeder Beißbewegung an Zunge und Backe rieb und Schmerzen und Entzündungen verursachte. Ich packte damals den dicken Zahn mit Daumen und Zeigefinger, bewegte ihn, und dann mit einem Ruck zog ich ihn heraus. Schon wenige Sekunden später stand dann die Kuh am Trog und fraß, was das Zeug hielt. Warum sollte dieser Seltenheitsfall nicht auch hier zutreffen! Der Magen des Bullen ist leer, das kann ein Blinder sehen, und Fieber ist bestimmt auch keines da bei dem Temperament, das er aufweist. Bis der Farrenwärter zurückkommt, schaue ich mich ein bißchen um, was da noch sonst für leere Ampullen und Medikamentenschachteln herumstehen, inspiziere die anderen zwei Bullen und kehre wieder zum Patienten zurück. Der bläst immer noch aus seinen Nüstern und wie ich ihn so beobachte von vorne, da blicke ich auch in seinen Trog und was sehe ich? Einmalig so etwas! Einen Backenzahn natürlich. Sicher war der die Ursache gewesen und vorher, bei den ungestümen Kopfbewegungen hat er sich vollends gelöst. Den schnappe ich mir mit einem Griff und lasse ihn in meiner Hosentasche verschwinden. Wartet, ihr Knaben, ihr lächelnden, euch werde ich jetzt einen Bären aufbinden! Zur Probe werfe ich noch geschwind eine Handvoll Mehl aus der Futterkiste in den Trog und konstatiere, daß mein Freund sich à tempo auf dieses Miniangebot stürzt und es ruckzuck verschwinden läßt. O.k., jetzt können sie kommen. Das tun die denn auch alsobald und mit ihnen tritt der Bürgermeister ein. Ha, wie das paßt! Die Vorstellung kann beginnen.

«Jetzt horcht mal her, die Sache läuft folgendermaßen. Wir gehen alle raus, damit der Kerl sich beruhigt. Dann nimmt ihn der Farrenwärter am Ring und hält ihn mit dem Stab. Darauf treten wir wieder ein und ihr legt das Wellenseil um die Hörner und bindet sie an dem Balken über dem Trog fest. Anschließend kratzt ihn einer mit dem Striegel an der Schwanzwurzel und dann werde ich ihn abhorchen und vor allem die Maulhöhle untersuchen, auf die es mir hauptsächlich ankommt.»

Der Bürgermeister mit seinem fetten dicken Bauch steht breitbeinig unter der Türe, hat die Daumen hinter die Hosenträger geklemmt und spricht:

«Herr Doktor, ganz ehrlich, ein alter erfahrener Kollege von Ihnen ist bereits zweimal an diesem Tier gescheitert! Wir müssen es aber unbedingt schaffen, ihn durchzubringen, denn sonst hätten wir einen Verlust von viertausend Mark zu verbuchen, und was das heißt bei einer so finanzschwachen Gemeinde wie Schiefertal, das können Sie sich leicht denken. Also tun Sie bitte Ihr Möglichstes!»

«Na ja, Herr Bürgermeister, einfach ist das nicht. Aber da ich mit ganz speziellen Methoden arbeite, wie Sie gleich sehen werden, kann ich Ihnen die Heilung Ihres Spitzenbullen in Aussicht stellen. Vielleicht tut dann die Gemeinde auch einen Zug und bestellt mich als Vertrauenstierarzt zur Durchführung der Trichomonadenbekämpfung! Eine Ehre ist die andere wert!»

Davon will der Ortsgewaltige aber wenig wissen, wie ich aus seinem sauersüßen Lächeln ersehe, und daher muß ich jetzt zusehen, daß die Schau ins Rollen kommt. Es wird genau nach meinem Plan verfahren, aber das Tier ist unbändig, nicht einmal von seinem Pfleger, dem Farrenwärter, läßt es sich mehr berühren. Alle außer mir sind jetzt sehr am Schwitzen, die Männer durch die körperliche Anstrengung und die Angst, der Schultheiß durch die nun sichere Ausweglosigkeit der Lage. In diese Katastrophenstimmung hinein erkläre ich nun mit der beruhigenden Stimme eines selbstsicheren Zauberers, daß jetzt jedermann hinauszugehen habe, weil sie mir das Tierchen zu arg verwettern. Die Türe sei zu schließen, und ich würde alles alleine machen. Erstauntere und ungläubigere Gesichter habe ich mein Lebtag nicht gesehen, das können Sie mir glauben. Aber sie folgen, wissen sie doch nicht mehr aus noch ein. So, das wäre geschafft. Jetzt gehe ich nur noch zur Futterkiste, fülle zwei Wannen mit Hafermehl und schütte sie dem Sorgenkind der Gemeinde in den Trog. Daraufhin verfliegt die Wut des Hungrigen im Augenblick und er stellt sich hin und haut rein, wie ein Scheunendrescher. Draußen werden sie jetzt schon die Ohren spitzen, weil es plötzlich so still dadrinnen ist. Ich warte nun noch ein paar Minuten, dann ziehe ich den Backenzahn aus der Hosentasche und trete hinaus vor mein staunendes Publikum. Dem Bürgermeister halte ich das corpus delicti direkt unter die Nase und sage leichthin: «Das war's!»

Sie stürzen hinein und sie sehen ein Wunder. Und es gibt überhaupt nicht den geringsten Zweifel, daß ich ein Hauptkerl bin, mehr noch, ein Magier, vor dem der stärkste, wildeste Bulle sanft wird wie ein Lamm und von selbst das Maul aufsperrt und sich einen Backenzahn ziehen läßt. Noch jahrelang schauen der Farrenwärter und noch einige andere Leute von Schiefertal mich scheu von der Seite her an wegen dieser Sache.

Doch die Gemeinde, das können Sie sich denken, die nimmt meinen verkappten Schwiegervater unter Vertrag, was die Deckseuche anlangt, und ich habe trotz meines unglaublichen Erfolges wieder einmal das Nachsehen. Aber dieser Schlag unter die Gürtellinie bringt mir doch jetzt ab und zu Fälle, mit denen man mich vordem nie betraut hätte.

Nun liegt schon wieder welkes Kartoffelkraut auf den Äckern, und hie und da, wenn ich unterwegs bin von Ortschaft zu Ortschaft, sehe ich blauen Rauch aufsteigen und die Kartoffelfeuer brennen. Grell scheint die Sonne, und oft sind die Albberge zum Greifen nahe.

Diese Herbsttage bringen mir nochmals eine willkommene Gelegenheit, meine berufliche Außenseiterposition ein bißchen zu stärken. Droben in Hochdorf hat einer von den Kleinbauern, bei dem ich noch nie war, den alten Lutz zu einer Geburt geholt. Der hat sich dann, wie gesagt wird, wirklich unglaubliche Mühe gegeben, aber er hat es aufgeben müssen und hat angeordnet, daß die Kuh geschlachtet wird. Ein Mann aber, der nur eine einzige Kuh sein eigen nennt, der trennt sich schwer von ihr. Deshalb ruft er in seiner Not noch mich an, ob ich nicht helfen kann. Er hat gehört, ich könne Dinge vollbringen, die keiner für möglich halte. Mir könnte auch noch gelingen, was der Herr Amtstierarzt für unmöglich erklärt habe.

Dieser entstehende Nimbus um meine Person schmeichelt mir gewaltig, und ich tue auch gar nichts dagegen, weil ich nichts nötiger habe als das in meinem Kampf ums Schwipfinger Ländle.

Aber ich würde hier auch ohne alles weitere mein Bestes

tun, denn, wissen Sie, die Leutchen sind arm wie Kirchenmäuse. Ihr ganzes Gut und Geld ist ein winziges Häuschen, eine Kuh und eine Ziege. Sie haben so wenig Futter, daß sie am Abend und sonntags nach der Kirche mit ihren Tieren auf den Wegen der Feldmarkung spazierengehen, damit sie sich an den Wegerändern sattfressen können.

Ich greife rein in das kleine Kühlein und lasse mir nebenher erzählen, was alles unternommen worden war.

Den ganzen Vormittag habe der Herr Veterinärrat versucht, den Geburtsweg zu öffnen, sechs, sieben Leute hätten mitgeholfen, die Kuh immer wieder den Berg hinterm Haus hinabzurollen, aber es sei alles umsonst gewesen, man habe dem Kalb die Türe nicht öffnen können.

«So», sage ich, denn ich habe meine Untersuchung beendet, «das stimmt, mit der geschlossenen Tür. Einmal ist das eine Tragsackdrehung und zum anderen ist nach dem stundenlangen erfolglosen Herumprobieren der ganze Geburtsweg verschwollen. Aber ich werde Ihnen das Kalb trotzdem herausholen. Für diese Türe gibt es einen Schlüssel, und ich besitze ihn!»

Ich gebe ganz schön an, ich weiß, aber ich habe schon gemerkt, daß ich das hinkriegen kann und will doch Punkte sammeln. Die Sache mit einer Tragsackdrehung läuft nämlich so. Kühe, die aufstehen oder sich niederlegen, knien dabei vorne, während die Hinterbeine stehen. Das hat zur Folge, daß der Tragsack einer kurz vor der Geburt stehenden Kuh für kurze Zeit in pendelnde Bewegung kommen kann, speziell, wenn das Kalb in diesem Moment sich bewegt. Dabei kann nun eine Gesamtdrehung des ganzen Thermalbades um 90 oder 180 oder gar um 360 Grad erfolgen. Geschieht dieses, so schnürt sich der Geburtsweg zu, denn er kann ja die Drehung nicht mitmachen, und das Kalb kann dieserhalb nicht mehr geboren werden. Früher hat man deshalb immer versucht, die Drehung rückgängig zu machen, indem man die Tiere in der Gegenrichtung einen Berg hinunterrollen ließ, was aber nicht immer zum gewünschten Erfolg führte. Heute macht man einen Kaiserschnitt oder aber man macht die Drehung im Stehen auf. Und das Letztere eben will ich jetzt tun.

Der Oberkörper ist frei, der rechte Arm ist mit Schweinefett eingeschmiert, und jetzt schiebe ich ihn hinein in den Geburtsweg. Der Trick ist, das Kalb zum Schaukeln und am Ende zum Kippen über seinen eigenen Schwerpunkt zu bringen. Fünfmal hat es schon hin und hergependelt, da beginnt sich das Karussel im Kuhbauch zu drehen, das Kalb rotiert samt seinem ganzen Hallenbad, und die Abschnürung ist nicht mehr vorhanden, buchstäblich weggezaubert.

«Die Tür steht offen, meine Herrschaften, das Kalb kann herausspazieren!» gebe ich bekannt und bin allerhand froh, daß ich mich mit meinen großen Sprüchen nicht blamiert habe. Ein kleines hellgelbes Tierchen erblickt bald darauf das Licht, und eine große Freude herrscht nach diesem unglaublichen Wunder. Ich sehe keinen Anlaß, gegen die Meinung einzuschreiten, die eine Nachbarin kundtut, die aussagt, daß sie ohne Unterlaß gebetet habe zum heiligen Antonius, daß er mir seine Kraft leihe, und das habe er, wie man sehe, getan. Ich, der Tierarzt Dr. Pfeffer, habe mit des Heiligen Hilfe ein Wunder vollbracht.

Was nun das Jahr 53 anlangt, so hat es meine schwache Position nur bestätigt. Ja, wenn die Sache mit Monika anders gelaufen wäre, wenn ... aber so!

Doch, wissen Sie, trotz allem gibt es auch immer wieder so vieles, was mich erfreut und was mir guttut hier in meiner dürftigen, in meiner mageren Landpraxis. Jetzt gerade zum Beispiel im kalten Winter, wo der Westwind graue Wolken das Tal heraufjagt und tanzende Schneeflokken das ganze Ländle verzieren, da ist es schön, in die warmen Ställe zu gehen, in die Wohnzimmer der Tiere. Andenken des Sommers begegnet man hier, dem Geruch des Strohs, dem Duft des Heus. Und ich habe immer das Gefühl, daß ich zu diesen Tieren gehöre, daß ich ihr Vertrauter bin. Ihre Leiden verbinden mich mit ihnen, verbinden mich mit ihrem Sein, sogar mit ihrem Wesen. Sie und ich und auch die Bauersfamilie, bei der sie untergebracht sind, bilden eine zusammengehörige Lebensgemeinschaft. Bei vielen Landwirten kenne ich ja schon die ganze Familie, vom Enkel bis zur Uroma, und nicht selten weiß ich auch da um die vielfältigen Probleme und bin auch da der Vertraute, bin der einzige Studierte sozusagen in der Familie, den man alles fragen kann. Meine Worte werden im Gedächtnis behalten und oft nach Jahren noch zitiert. «Damals, in dem trockenen Jahr, da haben Sie zu mir gesagt ...». «Ich muß immer noch drandenken, wie unser Opa auf dem Sterbebett lag und Sie zu ihm gesagt haben ...» So klingt es, und so wachse ich mit ihnen zusammen. Vom Menschlichen her bilden sich Bande der Zusammengehörigkeit mit vielen dieser braven und guten Bauersfamilien in meinem Ländle. Zentral natürlich ist und bleibt die vertrauensvolle Zusammenarbeit zwischen dem Hofbesitzer und mir. Er und ich, wir beide entscheiden zusammen über Leben und Tod, haben gemeinsam die gleichen Sorgen und Hoffnungen.

So gibt es abseits von der Lebensnotwendigkeit «Geldverdienen» für mich einen Inhalt meines Berufes im seelischen Bereich. Dieser gewinnt zunehmend an Bedeutung und erleichtert mir mein Ausharren in dieser finanziell doch so dürftigen Lage. Immerhin vegetiere ich ja jetzt bereits drei Jahre mit einem Monatsumsatz von DM 1500.– kümmerlich dahin und kann von Glück sagen, daß meine Mutter Burga es immer so deichselt, daß keine Schulden entstehen.

Was meine geistigen Ansprüche betrifft, so bin ich über den Zöberlein und den Marc Aurel noch nicht hinausgekommen. Allerdings beginnt sich abzuzeichnen, daß der «Zöberlein» an Boden verliert, der Marc Aurel aber hinzugewinnt. Die nachvibrierenden Eindrücke des Krieges verlieren an Intensität, die Möglichkeit einer stärkeren Hintergrundsbetrachtung zieht herauf.

6. Kapitel

In Schnapsbrenners Stall

Im Anfang des Jahres 1954 schneit es viel, und es ist oft so, daß ich mein Auto stehen lassen muß auf irgend einem Feldweg und zu Fuß durch den hohen Schnee weiterstapfe. Die Einzelhöfe sind meist oben an den Berghängen gelegen, und es ist dann recht ärgerlich, wenn ich schnaufend und verschwitzt oben angelange und nach der Untersuchung des Tieres wieder hinab muß, um die passenden Instrumente und Arzneimittel heraufzuschleppen. Aber mit der Zeit gewöhnt man sich auch an dies, und ich kann froh sein, daß ich überhaupt geholt werde bei dem Grabenkampf, bei dem Kampf Mann gegen Mann, den die Tierärzte sich hierzulande liefern.

Denn ich habe es ja nicht nur mit meiner Oberwespe zu tun, sondern – und das ist wohl bisher etwas zu kurz gekommen –, auch mit den Praktikerkollegen aus nah und fern. Denken Sie, da gehe ich neulich beim Kübler in Hochdorf in den Stall, um eine Nachgeburt abzunehmen, sehe ich doch da auf dem Fernstersims leere Ampullen stehen, die nicht von mir stammen. Das ist ein mieses Zeichen, ein Nachttopfinhalt direkt ins Gesicht sozusagen. Der Kübler, mit dem ich ein so prima Vertrauensverhältnis zu haben glaubte, treibt's hinter meinem Rücken mit anderen! Zwei, drei Tierärzte werden da zu einem einzigen Fall zitiert. Wie da neulich, wo er mich holt, weil sein Kalb Durchfall hat. Ich bin gleich da, mache eine korrekte Behandlung, sage, daß das Kalb einen ordentlichen Eindruck macht und daß er gleich morgen es sagen soll, wenn je eine Verschlechterung eintritt. Aber ich höre nichts mehr und denke, alles ist in bester Ordnung. Bis ich erfahre, daß am nächsten Tag der Kollege Wannenmayer bei dem Kalb war, abends dann noch der Kreisveterinär, und daß der Patient dann über Nacht verendet sei.

Deprimierend, solche Verhältnisse! Oder wie jetzt zum Beispiel im Februar, wo einer von Degersbach anruft, weil sein Pferd eine Kolik hat. Kolik, das müssen Sie sich als Darmbeschwerden vorstellen, die Pferde recht häufig befallen und von denen später noch ausführlicher die Rede sein wird. Ich bin nun gerade unten in Wasserheim und schneide einer Kuh einen kopfgroßen Abszeß auf, den sie am Hinterfuß von einem Gabelstich bekommen hat. Oberin Burga telefoniert natürlich sofort nach Wasserheim, und ein Junge wird dort ausgeschickt, der mich benachrichtigen soll. Wie der zum Stall hereinkommt, spritzt gerade der Eiterstrahl in weitem Bogen raus und auch über meine Hand und meinen Schurz. Sie können sich denken, daß ich mich jetzt zuerst reinigen und desinfizieren muß, bevor ich zum Stall hinausstürze und nach Degersbach rase. Ich glaube, schneller hätte man das nicht machen können und trotzdem, wie ich in den Hof fahre, wo der Koliker steht, da parken bereits zwei andere Tierarztautos, ihre Kofferdeckel stehen offen und die Kerls sind drinnen im Stall und ich bin der Affe im Zylinder. Ein «Bitte nach Ihnen!» gibt es nicht, und die Tierbesitzer spielen Ping-Pong mit den Tierärzten, holen mal diesen mal jenen und handeln die Preise herunter. Sie wären ja auch dumm, wenn sie's nicht täten. So ist im Jahre 1954 das Gelände vergiftet von Hunderten solcher Fälle, und man sagt, daß die Sympathie zu einem Kollegen wächst im Quadrat der Entfernung. Auch der Jargon ist typisch. Man spricht und denkt in militärischen Begriffen: Man hat ein Frontgebiet und ein Hinterland, man führt einen Graben-, einen Häuserkampf, man wirft einen aus einer Ortschaft raus usw. Brutalität und Listen wechseln, die Ziele bleiben: Unterbieten, Wegschnappen, Rausdrängen. Wahrlich ein edles Bild, diese Prostitution eines akademischen Berufsstandes. Überlegen lachen die Großen, sauer winden sich die Kleinen. Und ich, ich bin ein Kleiner, ein ganz Kleiner.

Auch meine Kleintierpraxis nimmt sich trotz des netten Behandlungsraumes, den die Oberin eingerichtet hat, recht bescheiden aus. In der Woche habe ich ein bis zwei Patienten, meist Hunde und Katzen.

Vor ein paar Tagen nun ist mir mit einem Hund eine ganz blöde Geschichte passiert, die auch B.B., Burga Bäuerle, die Oberin, aus der sonst gewohnten Ruhe gebracht hat. Da kommt nämlich einer daher mit einem Foxterrier, der anscheinend die Leute reihenweise in die Beine beißt und dazuhin durch sein Gebell in der Mietwohnung rein unmöglich ist. Nun mache ich ja sowas furchtbar ungern, ein Tier einschläfern! Aber nach Lage der Dinge muß ich dranglauben. Der Mann sagt, daß er jetzt ins Geschäft geht und den Kadaver dann am nächsten Tag abholt, weil bei mir kann er ihn ja nicht lassen. Wir nehmen den Hund also runter in den Keller und ich verpasse ihm ein altbewährtes Mittel für solche Fälle. Er schläft auch vorschriftsmäßig ein, und ich lege ihn anschließend in einem Sack hinters Haus, damit wir keinen üblen Geruch reinkriegen. So ist eigentlich alles ohne Besonderheit verlaufen, nur am nächsten Tag, als ich gerade unterwegs bin und der Mann bei der Oberin den Hund abholen will, da ist nur noch der leere Sack da. Und wie ich im Schnee später mich als Spurenleser betätige, stelle ich fest, daß da am Rande der Birnengasse rauf Hundefußspuren gehen, und die Ackermanns, die ja hier auf halbem Wege wohnen, erzählen mir, daß heute in der Frühe ein kleiner Hund, auf den meine Beschreibung passe, schnellen Schrittes und kreuzfidel die Birnengasse heraufgewetzt sei. Was sagen Sie da? Peinlich ist gar kein Ausdruck! Ich fahre an diesem Tage fünfmal durch ganz Schwipfingen kreuz und quer, und die Oberin macht sich Vorwürfe, weil sie nie rausgeguckt hat nach dem Sack. Aber er ward nicht mehr gesehen, der kleine bissige Hund. Auch zu seinem Herrn ist er nicht mehr zurückgekehrt. Beim Erwachen aus dem Todesschlaf ist er vielleicht in ein neues Leben getreten und hat beschlossen, in die weite Welt hinauszuziehen, so erkläre ich das wenigstens den Schwipfingern. Denn das können Sie sich denken, diese neue Glanztat meinerseits war für die Klatschweiber und für die Stammtische ein gefundenes Fressen.

Auf diesen Vorfall hin entschließe ich mich spontan, künftig die Sterbehilfe bei Hunden mit meiner 7,65 Pistole auf der Wiese hinter dem Haus zu geben. – Gut, Sie haben recht, erschießen ist nicht das Wahre, aber erstens bin ich ein Landtierarzt und zweitens ist die Methode schmerzlos und schnell, und ich erlebe es bestimmt nicht mehr, daß einer nach dem Einschläfern anderntags die Birnengasse hinaufrennt.

Einen Bauern habe ich, der brennt selbst seinen Schnaps, und daher hat er auch stets etwas Besonderes auf Lager, wenn ich komme. Zur Zeit schenkt er mir immer einen ausgezeichneten «Kümmel» ein, und wenn er anruft, ich solle im Laufe des Tages in irgend einer Sache mal vorbeikommen, dann holt er da bereits die Flasche raus aus dem Schrank und stellt die Gläser bereit. Und was für Gläser! Heute aber ist er anscheinend auf der Zuchtviehversteigerung in Ulm, denn seine Frau ist am Apparat und sie teilt mit, daß eine Kuh einen Scheidenvorfall hat. Eine halbe Stunde später schon fahre ich vor den Stall des Einzelhofes, der oberhalb von Wasserheim liegt, auf der Südwestseite vom Fressberg. Jetzt im Monat März ist selbst hier oben auch der letzte Rest Schnee geschmolzen, und hinter den Hecken kommen schon die ersten Veilchen hervor und in der Luft versammeln sich bereits die verführerischen Düfte des Frühlings

«Wasser, Seife, Fett und Handtuch!» brauche ich hier nicht zu rufen, dann alles steht schon bereit. Die Bäuerin zeigt auf das Tablett mit der Kümmelflasche und den Wassergläsern:

«Mein Mann hat alles hergerichtet, bevor er heute früh zur Versteigerung ist!» Und sie lacht, daß ihre weißen

Zähne blitzen und schenkt ein, schenkt beide Gläser ein, und sie trinkt mit und sie trinkt aus. Oha! Wie wir die Gläser absetzen, kommt es mir vor, als ob die Augen dieser kessen Jungbäuerin einen ziemlichen Glanz haben, und einen schelmischen Ausdruck glaube ich wahrnehmen zu können. Trotzdem gehe ich nun schnell voraus in den Stall, denn eine Vorfallkuh gehört umgehend in Behandlung. Was ein Tragsackvorfall ist, das wissen Sie ja bereits von der Sache her mit der Wasserheimer Oma. Bei einem Scheidenvorfall liegen die Dinge weit weniger bösartig und weniger aufregend. Was da aus der Kuh heraushängt, ist nur etwa kopfgroß und wird von der umgestülpten Scheide gebildet. Nur wenn die Harnblase beteiligt ist, kann es zu einer bedeutenden Vergrößerung des Prolapses kommen. Was man da tun muß? Reinstopfen, zurückschieben, desinfizieren und dann den Scheideneingang mit Klammern verschließen. Sonst kann's nämlich sein, daß die ganze Chose in einer halben Stunde schon wieder draußen hängt. Nur das Reinstopfen ist gar nicht so einfach, weil nämlich das Tier dagegendrückt. Es macht einen Buckel und preßt so stark, daß man oft Mühe hat, das Ding zurückzuschaffen.

Auch hier bei diesem Falle ist es so, und deshalb weise ich die Bäuerin an, sie solle mit einem Striegel aufs Kreuz der Kuh drücken, damit sie nicht mehr so viel Gegengas geben kann. Die junge Frau probiert dies, aber es genügt nicht, weil ein so zierliches Persönchen nicht die entsprechende Kraft aufbringen kann. Aber was glauben Sie, was da der Hübschen in den Kopf kommt? Ohne ein Wort zu reden, schwingt sie sich auf den Futtertisch, tritt mit einem Fuß von da aus auf den Sims vom Stallfenster, das sich neben der Patientin befindet und schon steht sie in Lebensgröße oben und drückt dem Tier die Absätze ins Kreuz und hält sich an der Wand. Sie bewirkt damit gleich zweierlei. Die Kuh stellt das Pressen prompt ein und ich, mich hat sie gleichzeitig in die vorderste Reihe eines ländlichen Moulin rouge versetzt, denn ich sehe hübsche, schwarz behaarte Mädchenbeine direkt vor meiner Nase beginnen. Und wenn ich an ihnen nach oben blicke, was ja gar nicht zu vermeiden ist, dann fange ich an zu schlucken, und ein Sturm von Erregung peitscht mein Blut. Ich, ein einsamer Junggeselle mit einem Wasserglas Kümmel im Leibe, verlasse spontan das Parkett des Zuschauers, lasse Vorfall Vorfall sein und widme mich augenblicklich der schönen Bäuerin. Mit beiden Armen umfange ich ihre Beine und lasse sie langsam zwischen mir und dem Haarpelz des Rindes niedergleiten. Die Dame vom Moulin rouge lacht und schäkert und hat einen Heidenspaß an diesem Intermezzo zwischen zwei Kühen. Denn während ich mit meinem Rücken rhythmisch gegen den nächsten Tierleib stoße, hat sie ihren Kopf auf dem Rücken unserer Kuh liegen, und alle paar Sekunden wird sie ein Stück höher getrieben.

Ich muß sagen, einen solchen Vorfall habe ich noch nie gehabt. Denn nachdem wir total außer Atem sind und die Kuh an ihrer rechten Seite halb haarlos gefitschelt ist, nehmen wir wie auf Kommando wieder unsere Arbeitsposition ein, sie auf dem Rücken, ich an dem Vorfall. Und dann geht es fixer als es je einmal gegangen ist, und der Prolaps ist drin und die Klammern sind drin und ich hole sie wieder herab in meine Arme. Da ich aber immer für ein bißchen Abwechslung bin, ziehe ich die Kleine jetzt zur Kälberbox, wo sie sich vornüberbeugt über die niedere Holzbrüstung und das kleine Milchkalb mit seinem zarten Maul an ihren Fingern saugt. Sie können sich denken, daß auch diese zweite Partie auf diese Art ein voller Erfolg wird.

Wie ich später wegfahren will, kriege ich die Bäuerin fast nicht mehr von Hals. Je o je, das kann man wirklich Frühlings Erwachen heißen, Mann o Meter, war das ein Ding! Hoffentlich hält sie dicht! Aber machen Sie sowas nicht nach! Mir kommen schon Bedenken, daß ich das erwähnt habe. Wissen Sie, im eigenen Praxisgebiet, wo man auch «darnach» dauernd mit den Leuten zu tun hat, da sollte man die Finger von solchen Sachen lassen.

Das Jahr schreitet weiter, der Dienst ruft. Allerdings nach wie vor spärlich tut er das, besonders was die Schweinepraxis anlangt. Das machen fast alles mein heißgeliebter Veterinärrat Lutz, der Kollege Wahl aus Hochsteig und der Säuschneider Schiz aus Schwäbisch Hall. Nur selten sehe ich deshalb einen Schweinestall von innen, was, wie man gleich sehen wird, auch nicht immer der größte Genuß zu sein braucht.

An einem gewittrigen Junitage nämlich läßt ein kleiner Bäckermeister sagen, daß er kranke Schweine hat. Wir, das heißt die Oberin, kaufen nichts bei ihm, weil seine weiße Schürze immer mehr schwarz als weiß aussieht und weil ihm auch immer die Haare ins Gesicht reinhängen.

Ich komme hin, werde durch den Laden geführt, trete in die Backstube, von der eine Türe direkt in den Schweinestall führt. Das ist ja mehr als verboten! Kein Wunder, daß der Kerl so schmutzig ist. Jedoch der Saustall erreicht im Schweinestall erst seinen richtigen Höhepunkt. Er übertrifft alles, was mir bislang an Unhygiene und baulichem Zerfall untergekommen ist.

Der schmuddelige Bäcker bringt eine Kerze, denn obwohl es Tag ist, ist es Nacht hier drin. Aber wenn auch die Kerze jetzt leuchtet, ich sehe immer noch nichts.

«Die drei dort drüben sind's!» erklärt mir der widerliche Knirps und deutet mit seinem Arm in einen Holzverschlag. Ich gucke mir die Augen raus, aber ich kann nichts wahrnehmen außer Mist und Fliegen. Mittlerweile ergreift der anrüchige Brezelmacher einen Stock, beugt sich über den Verschlag und führt zwei, drei schnelle Hiebe in die Dunkelheit vor uns.

Und damit erzielt er fast einen Schöpfungseffekt: Es ward Licht! Myriaden von Mücken, die als dicker, schwarzer Teppich auf den warmen Schweineleibern geruht haben, erheben sich empört und verdrossen und geben den Blick frei auf drei schwere Mastschweine, die mit ihrem Speck in dem Dreck des Verschlages halb eingesunken sind.

Also wenn du da reinwatest, in die 20 Zentimeter hohe Jauche, in 1 1/2 Meter Höhe über dir schon die schmutzige Bretterdecke mit den herabhängenden Spinnweben, dann bist du keinen Schuß Pulver mehr wert, sagt mir meine innere Stimme.

«Pico bello rausmisten» werde ich ihn anweisen, «vorher spielt sich nichts ab, Sie Dreckspatz! In einer Stunde komme ich wieder und wehe, wenn bis dahin nicht alles tip top ist. Und vorher gehen Sie noch zum Frisör und lassen sich rasieren und die Haare schneiden, verstanden! Und Ihre Bäckerei schließe ich ab sofort, denn unter solchen Verhältnissen ist keinem Menschen zuzumuten, auch nur einen einzigen Wecken mehr von Ihnen zu fressen! Klar?»

Aber, leider aber, der Veith Pfeffer des Jahres 54 ist nur ein Tierärztlein, kein Tierarzt. Er kann nicht kommandieren, nicht den Kerl zur Schnecke machen, er muß vorliebnehmen mit allem, was sich ihm bietet. Denn hinter ihm steht schon die ganze Garde seiner honorablen Kollegen, sprungbereit, um ihm liebend gern auch diesen entwürdigenden Fall zu entreißen.

So, jetzt kennen Sie mich. So einer bin ich! Und deshalb rede ich freundlich mit dem Herrn Bäckermeister und gehe sofort rein und untersuche die drei. Nach fünf Minuten sehe ich selbst aus wie ein Schwein, habe die Mücken unterm Hemd und am Hals und in den Haaren und im Mund, aber meine Diagnose ist fertig.

«Rotlauf haben Sie im Stall, Rotlauf im höchsten Grad! Die zwei linken haben bereits blaue Ohren, auf die gebe ich gar nichts mehr, die können jederzeit verenden, die dritte hat zwar 41,8 Fieber, aber die könnte durchkommen.»

Jetzt hätten Sie den Mehlmischer hören sollen.

«Was, Rotlauf!» schreit er, «Die sind doch geimpft! Da habe ich doch dem Wahl von Hochsteig eine Menge Geld dafür bezahlt. Dem werde ich aber was sagen, den mache ich haftpflichtig dafür, da können Sie sich drauf verlassen.»

Eigentlich müßte ich jetzt sagen, daß es Impfdurchbrüche

gibt, mangelhafte Immunitätsbildung bei den Tieren, für die man niemand verantwortlich machen kann, aber, Sie wissen ja, «Impfe billigst Schweine» inseriert der Kollege Wahl, und deshalb nehme ich ihn jetzt nicht in Schutz, sondern gieße etwas Öl ins Feuer:

«Warum lassen Sie auch von auswärts einen Tierarzt kommen. Jetzt haben Sie den Dreck!»

Trotz meiner Warnung läßt der Bäckersmann auch die Todeskandidaten behandeln, und es geht wie es kommen muß, am anderen Morgen sind sie tot. Da die dritte Sau durchkommt, hat sich hier mal eine meiner Voraussagen bestätigt, und, wie die Oberin stirnrunzelnd kommentiert, ist künftig meine Praxis um ein unangenehmes Dreckschwein bereichert.

Der Sommer ist wieder da und mit ihm erwacht in mir der Wunsch, einen ersten Urlaub zu wagen. Vier Tage, so denke ich, das wäre drin, das könnte ich mir erlauben. Und kurzentschlossen sitze ich auch schon im Auto und los geht's gen Norden. Non-stop in die Lüneburger Heide, ein Fahrrad ausleihen, sandige Wege, Birken, Wacholder, Heidekraut und Schafherden. Ein paar Geschichten lesen von Hermann Löns am Abend, im Heidkrug zur Nacht. Dann Hamburg, der Jungentraum, Hamburg, das Tor zur Welt. Dampfer tuten, St. Pauli Landebrücken, Große Freiheit. Hafenrundfahrt, Labskaus und zwei Nächte auf St. Pauli. Reeperbahn rauf und runter, Herbertstraße, Große Freiheit, Kleine Freiheit und die vielen Dutzend Ganoven- und Dirnenspelunken, Davidswache. So viel Verbotenes auf einem Haufen, so viel extreme Faszination, ich weiß nicht, wie mir ist, aber ich werde hier überhaupt nicht müde. Ich brauche in Hamburg zwei Tage lang kein Zimmer, kein eigenes Bett. Geheimnisvolle Kräfte scheinen mich auf höchster Munterkeitsstufe zu halten. Verlasse ich beispielsweise um drei Uhr früh das frivole Tanzgetümmel der Matrosen und Hafenleute im «Silbersack» und steuere durch die Kühle der Morgenluft von See Richtung «Freiheit», so kaufe ich mir bei dem Alten an der Ecke einen kleinen Bundaal, trinke an der nächsten Theke zwei Wacholder dazu, und dann trete ich topfit wieder in die nächste Kneipe, wo dann gerade an meinem Tisch die junge Frau eines Gastes ihrem Mann beweisen will, daß sie genausogut strippen kann wie die Girls hier an der sündigsten Meile der Welt. Nicht durch ihn und nicht durch den Wirt läßt sie sich von ihrem Vorhaben abbringen, und alles steht um sie herum und klatscht. Und sie, eine hübsche Hausfrau, tanzt oben auf dem Biertisch, nur noch im Slip, und die Kerls fangen an zu onanieren, und der Wirt steht ängstlich unter der Tür und schaut nach draußen, ob keine Polente kommt.

Ob ich keine Angst habe, mir was zu holen? Nicht im Geringsten! Ich weiß auch nicht genau zu sagen, warum. Denn die Möglichkeiten kenne ich ja, vom Primäraffekt bis zum Wassermann. Nein, von Angst kann keine Rede sein, eher von Leichtsinn. Aber seien Sie gewarnt, die Gegend ist trotzdem gefährlich! Da nehme ich zum Beispiel an einer Privat-Show teil für fünf Männlein, sagt da einer zum anderen, wie wir wieder rausgehen: «Das glaubt mir am Stammtisch in Schwipfingen kein Mensch!» Das ist schon ein komisches Gefühl, wenn man auf diese Weise merkt, wie klein die Welt ist!

Was nun die Verkäuferinnen der Liebe anbelangt, so führe ich mit einigen von ihnen längere Gespräche über ihr Schicksal, über ihre Wünsche und Gedanken. Dabei lerne ich keine frivolen oder schmutzigen Menschen kennen, sondern solche, die Schweres hinter sich haben und die sich verbessern möchten und für die es sehr, sehr schwierig ist, wieder herauszukommen aus ihrem Milieu. Manche von ihnen haben ein Kind, weitab in einem Internat, und ihre Hauptgedanken gelten nur ihm, und ihr Verdienst dient nur dazu, diesem Kinde eine bessere Zukunft zu ermöglichen.

Wie ich wieder auf dem Heimweg bin nach Süden, muß ich denken, daß diese Mädchen dort auf St. Pauli zu den wirklich armen und bedauernswerten Geschöpfen gehören auf dieser Welt und daß sie in einem solchen wollüstigen Sündenpfuhl nur die erduldende und nicht die genießende Seite verkörpern.

Wieder daheim. Eines Tages steht der Bauer Breitenbücher vor der Haustüre und die Oberin Burga, die ihm aufmacht, berichtet mir entsetzt, und das will bei ihr was heißen, daß er einen blutigen Penis in der Hand habe. Gott im Himmel! Wird doch das nicht sein! Ich renne raus und tatsächlich, aber nein, es sieht nur täuschend ähnlich, es ist der Strich von einem Kuheuter, den es eben vor ein paar Minuten abgerissen hat. Die Kühe stehen ja heutzutage so eng in den Ställen, daß, wenn eine liegt und die nebendran aufsteht, es ohne weiteres möglich ist, daß dabei auf so einen abstehenden Euterfortsatz getreten wird. Schmerzerfüllt springt die Getretene ebenfalls in die Höhe und reißt sich dabei selbst den unter dem Gewicht der Nachbarin festgeklemmten edlen Körperteil ab.

Der Breitenbücher tut natürlich wie eine Bremse und beschwört mich zu helfen und das Ding wieder dranzuzaubern. Wissen Sie, der Breitenbücher ist einer von den Hundertfünfzigprozentigen! Er hat die besten Kühe im Ort, er hat das schönste Getreide, die größten Äpfel und so weiter. Und er hat natürlich nur den Veterinärrat im Stall. Daß er jetzt zu mir kommt, wundert mich nicht schlecht.

Also ich muß ehrlich sagen, ich habe noch nicht einmal etwas gelesen über so einen Fall. Ich glaube aber, daß man in der Humanmedizin schon Finger und Zehen angenäht hat, indem unter dem Mikroskop die feinen Blutgefäße wieder mit hauchdünnen Fäden zusammengeheftet wurden. Denn das ist sicher, das A und das O bei so einer Geschichte ist, daß nach dem Annähen das Blut wieder läuft. An so eine Versorgung aber kann man unter Stallverhältnissen gar nicht einmal denken.

So starte ich denn dieses Unternehmen mit geringer Hoffnung, und ich sage auch gleich von vorneherein zum Breitenbücher, daß er sich darauf gefaßt machen soll, daß die Kuh gleich morgen geschlachtet wird. Auf der Wiese hinter dem Stall schnüren wir die Kuh zu Boden, fesseln die Beine mit Stricken, und dann geht es los. Nähen, fein nähen, dicht nähen und sauber schaffen, sehr sauber. Denn wissen Sie, diese Kuh gibt zwanzig Liter Milch am Tage, und sie muß heute abend wieder gemolken werden und gerade auch an dem Strich, den ich jetzt angenäht habe, denn sonst haben wir im Handumdrehen die schönste Euterentzündung drinnen. «Bin gespannt, wie sich die heute abend ausmelken läßt» spricht nachher die Bäuerin, «die ist sowieso immer eine Huttel, ein recht ungrades Lumpentier!»

Aber wie ich am nächsten Morgen den Strich ansehe, da ist er schön rosa und keineswegs blaß und blau und außerdem warm. Hurra! Das ist ein Dusel! Der Dauerläufer, wie man den Breitenbücher auch nennt, weil er und seine Familie Stall- und Feldarbeit nur im Laufschritt erledigen, läuft mir heute mit feierlicher Miene um den Bart, und daß er mir keinen Heiligenschein verpaßt, ist alles. Mein Nimbus als Zauberer hat neue Nahrung bekommen!

Im September gehe ich auch mal ins Freibad in der Kreisstadt, verfalle dort aber, wie ich mich in einem Spiegel sehe, in recht eingehende Selbstbetrachtungen. Nicht in der Art von Marc Aurel, nein, meine Studien betreffen ausschließlich Äußerlichkeiten. Damit meine ich speziell meinen Freßbauch. Er wölbt sich oberhalb meiner Badehose in geradezu besorgniserregender Dimension nach vorne. Ich rede mir zwar immer wieder ein, daß es auf die inneren Werte ankommt und nicht auf die Verpackung, aber wenn ich mein Spiegelbild betrachte, dann sträuben sich mir die Haare.

Bald wird's mir so gehen wie dem Kollegen, dem man beim Aussteigen auf dem Hof erst einen Schemel hinstellen mußte, auf dem er sich erholen konnte, wenn er es geschafft hatte, seinen Bauch hinter dem Steuerrad herauszuquetschen, und den ein jüngerer Bundesbruder einmal fragte: «Alter Herr, wann hast Du denn Dein Spitzle zum letztenmal gesehen?»

Bei solcherlei Gedanken kann's einem direkt den Appetit verschlagen. Aber solange es halt soviel Ärger gibt in der Praxis! Essen, viel und gut, das hilft mir da immer noch am besten, wie von Anfang an, wie im «Adler» schon. Mein anderes, ehemaliges Hauptberuhigungsmittel, den «Zöberlein», habe ich jetzt abgesetzt, denn langsam kommen mir nämlich das ganze MG-Geknatter und die Heldentaten noch viel ärgerlicher vor als meine schlimmsten Praxisdebakels, und deshalb eben essen, essen, essen! Wenn nur die Speisen keine so dämliche Einteilung ihrer verschiedenen Aufenthaltszeiten an den einzelnen Körperorten hätten! Den Mund, wo sie am angenehmsten sind, verlassen sie am schnellsten, im Magen schon legen sie stundenlange Pausen ein, und an den Hüften und am Bauch lassen sie sich monate- und jahrelang häuslich nieder und produzieren sich als fettig glänzende Schwimmringe. Und ich muß doch noch eine Frau suchen! Was denken Sie, wie manches liebenswerte Mädchen auf Distanz geht, wenn einer so einen «Kübelesbauch» daherschleift wie ich. In den Kleidern sieht man's ja nicht so, aber hier im Freibad! Schrecklich!

Aber bald darauf, im Herbst, wo wir immer die vielen Futtervergiftungen haben hier im Schwipfinger Ländle, bin ich froh, daß meine Mutter Oberin so gut und reichhaltig kocht, denn ich habe es wieder sehr nötig. Ein Beispiel nur:

In Enderlingen draußen wohnt ein gewisser Benno Heim, der eine kleine Landwirtschaft betreibt und der im übrigen ein sehr fauler Tropf ist, welcher morgens nach der Stallarbeit sich in einen Haufen Stroh legt hinter seinen Kühen und dort stundenlang die Zeitung liest. Neben sich hat er einen Kasten Bier stehen, und er findet das äußerst gemütlich. Sein «Sach» ist ein altes Gelumpe, und es hat schon ab und zu geheißen, der Benno überlege sich, ob er nicht am besten das Höfle demnächst mal «warm abbreche», weil es nämlich ganz gut versichert ist. Jedenfalls also dieser Heim läßt anrufen und sagen, daß er eine Kuh hat, die nicht mehr aufstehen kann. Schon wie ich in den Stall hineinkomme, sehe ich an dem wässerigen Mist, der hinter den Kühen liegt, daß sie alle einen gewaltigen Durchfall haben. «Rübenblätter, Herr Heim, Rübenblätter geben Durchfall, wenn man zuviel davon füttert!»

«Meinen Sie? Die scheißen's ganze Jahr dünn! Aber jetzt, unsere ‹Liesel›, warum steht denn die nicht mehr auf, wegen dem habe ich Sie doch kommen lassen!»

«Eben. Die Liesel da hat den meisten Durchfall, bei der läuft's ja raus wie Wasser, und zudem hat sie gerade erst gekalbt. Das hängt alles miteinander zusammen. Der Durchfall schwächt, und eine Kuh, die gerade ein Kalb ausgetragen hat und jetzt mit voller Milchleistung einsetzt, ist ohnehin stark strapaziert. Das schafft dann ihr Stoffwechsel nicht mehr und eines Tages hat sie zu wenig Kalk in den Knochen, und sie kommt hinten nicht mehr in die Höhe. Das heißt man Festliegen, Herr Heim, und jetzt wollen wir gleich darangehen und ihr einen halben Liter Calcium in die Blutbahn lassen, damit der Mangel wieder ausgeglichen wird.»

Ich steche die lange iv-Nadel am Hals in die Vene, und durch den Schlauch läuft die Lösung aus der Flasche, die man immer gefüllt mit sich führt. Nun halten ja die Tiere nicht ohne weiteres längere Zeit still trotz Anbinden und Halten des Kopfes. Außerdem, Sie wissen es ja, sind die Ställe meist in einem düsteren Zwielicht, weil sie nur wenige und dazuhin kleine Fenster besitzen. Also ist auch der Sitz einer solchen, tief unter der dicken und behaarten Haut liegenden Nadel kaum zu kontrollieren. Nur an der Geschwindigkeit des Abflusses aus der Flasche kann man sich in etwa ein Bild machen. Heute bin ich nicht zufrieden. Immer wieder Stockungen, ich verschiebe die Nadel etwas und dann läuft's wieder. Eine starke Kopfbewegung und schon wieder ist Schluß. Ich bin froh, wie die Flasche leer ist, denn während der ganzen Zeit knie ich drunten neben dem Hals und kontrolliere.

«So, Herr Heim, jetzt bekommen Sie noch von mir eine Flasche Fluid, die reiben Sie heute abend aufs Kreuz, reiben Sie ganz tüchtig ein, damit's warm wird, und anschließend werfen Sie einen Teppich darüber, damit es schön durchdämpft darunter.»

Schon am nächsten Morgen kriege ich einen Anruf, in dem mitgeteilt wird, daß ich nicht mehr zu kommen brauche, weil es erledigt ist. Nun bin ich da ein bißchen erstaunt, weil nämlich da oft mehrere Behandlungen vonnöten sind, überhaupt wenn noch so ein Durchfall dabei ist. Möglich wäre es dennoch, daß ein Soforterfolg zu buchen wäre, aber der Ton und der Wortlaut am Telefon machen mich etwas stutzig. Argwöhnisch geworden beschließe ich, mich selbst zu überzeugen. Wie ich hinkomme und aussteige, tritt mir sofort der Bauer entgegen, winkt mit der Hand ab und spricht mit lauter, aggressiver Stimme:

«Die Kuh werden Sie zu bezahlen haben! Der Dr. Wahl aus Hochsteig hat festgestellt, daß sie am Hals eine riesige Entzündung hat, und das kommt von Ihrer Spritze gestern. Da können Sie sich auf was gefaßt machen!»

Meine Balance ist am Kippen, gerade noch finde ich einen Halt: «Bei jedem Ereignis, das dich trifft», schreibt mein Marc Aurel, Roms Kaiser, «mußt du dein ganzes Denken darauf richten, welchen Nutzen du aus solchen Schicksalsschlägen ziehen kannst. Dann wirst du guten Gebrauch von ihnen machen.»

Ich habe mir das so oft schon eingeprägt, und jetzt greife ich danach, um die brutale Abweisung zu verdauen. Wissen Sie, es steigt bei solchen Sachen immer ein so großer Zorn in mir auf, daß ich am liebsten so einen Kerl wie den am Kragen packen möchte. Klar, wenn man einen Fehler macht, dann muß man auch die Folgen tragen. Aber gleich so eine garstige, bösartige Reaktion, die treibt mir das Blut zu Kopfe.

Na ja, jetzt geht's schon wieder etwas besser. Sicher ist ein Teil des Calciums gestern neben die Vene gelaufen. Das gibt dann eine Reizung des Gewebes mit Anschwellungen, eine sogenannte Phlegmone. Dem Kollegen Wahl ist diese bestimmt sehr willkommen gewesen, denn sicher hat er schon lange auf eine Gelegenheit gewartet, sich für die Rotlaufschweine beim Bäcker zu revanchieren.

Sehen Sie, so treiben wir's, wir Tierärzte des Jahres 54 im Schwipfinger Ländle. Es ist eine Schande! Sobald ich mal aus dem Gröbsten draußen bin, werde ich mit ihnen reden, werde versuchen, ob es nicht zu machen geht, daß wir allesamt etwas netter zueinander sind.

Am Heiligabend, so um 20 Uhr, wie Mutter Burga gerade die Kerzen des Weihnachtsbaumes entzündet und ich im Sonntagsanzug dabeisitze und sich gerade eine gewisse feierliche Stimmung ausbreitet, klingelt das Telefon. Beim Honold auf dem oberen Berghof habe ein Pferd Kolik, heißt es. O großer Mist, was ist das bloß für ein Beruf! Aber es hilft alles nichts. Ich renne in mein Zimmer, ziehe mich um, und die Oberin bläst die schon brennenden Lichter wieder aus. Tröstend rufe ich ihr im Wegeilen zu, daß ich mich beeile und daß ich bald wieder da bin.

Aber ich muß sehr vorsichtig fahren, denn draußen hat es Neuschnee, und es ist recht rutschig. Bis Schiefertal geht alles glatt. Nun muß ich den Feldweg hoch, zuerst zum unteren und dann zum oberen Berghof. Im zweiten Gang presche ich vorwärts, denn nur mit Schwung kann ich raufkommen. Die Hälfte der Strecke habe ich schon, doch jetzt kommt der Hohlweg mit der Kurve, das schwierigste Stück. Ich sause hinein, sehe keinen Weg mehr und keine Böschung, und «schubs» sitze ich fest. Zugeweht! Verflixtes Pech, auch das noch! Ich steige aus, stapfe hin und her und stelle fest, daß ich aussichtslos drinhänge. Alsdann bleibt mir keine andere Wahl: Weiter, zu Fuß, und Hilfe holen! Sauber, am Heiligen Abend einen Abschleppdienst organisieren! Wer hat da schon Lust! Schwitzend stapfe ich bergan dem unteren Berghof zu, damit der seine Pferde nimmt und mich rauszieht. Erwartungsgemäß sitzen dort alle in der guten Stube und sind überhaupt nicht erbaut über mein Erscheinen. Aber der Bauer geht doch sofort mit mir in den Roßstall und schirrt seine Pferde an. Ich werfe mir das lange Wellenseil über die Schulter, und dann marschieren wir ab. Zuerst lassen wir die Pferde im Hohlweg auf und ablaufen, damit sie die Schneemassen zusammentreten. Dann, nach einer halben Stunde, versuchen wir's und spannen vor. Ich setze mich rein in den Ford, und es geht los. Mann, ist das eine Fahrerei! Die Pferde müssen sich anstrengen, wie wenn sie ein Langholzfahrzeug hinter sich hätten, und ich schlittere mit meiner Kiste einmal links und einmal rechts in den Graben, und mein Wägelchen kracht und knarzt und fühlt sich offensichtlich äußerst unwohl bei dieser Behandlung. Da ist bestimmt wieder mehr kaputt als verdient ist mit diesem Gang, denke ich bei mir, aber hauptsächlich bin ich froh, daß es vorangeht. Langsam aber sicher kommen wir aus dem Hohlweg heraus, und wir lassen den Vorspann gleich dran, denn anfahren aus dem Stand ist auf der ganzen Strecke unmöglich. Sie schleppen mich also im Schritt bis auf den unteren Berghof, und wie wir dort ankommen, ist es gerade zehn Uhr. Ich bedanke mich, entrichte fünf Mark Abschleppgebühr und presche weiter, denn bei mir pfupfert es, muß ich doch zu einem dringenden Fall und habe bereits zwei Stunden Verspätung. Also Gashebel rein und los. Jetzt ist der Weg so, daß eigentlich nichts mehr passieren dürfte. Auf schmaler Piste sause ich durch die Nacht, nehme den letzten steilen Anstieg vor dem Hof gerade noch mit Ach und Krach und bremse vor dem Stall. Verwundert blicke ich zu den Stallfenstern hinauf: Alles dunkel! Ich steige aus, gehe zur Haustüre: Verschlossen! Ja, ist denn das die Möglichkeit? Zwei Stunden schon projiziert sich vor meinem geistigen Auge die scheußliche Situation, wie sich ein Pferd in Schmerzen auf seiner Streu hin- und herwirft und wie die ganze Familie mit ängstlichen Blicken und hilflos darum herumsteht, und jetzt? Ich schnalle an der Klinke und rufe schlotternd vor Kälte am Haus hinauf. In einem Zimmer brennt noch Licht. Nach einer Weile geht ein Fenster auf, und im Nachthemd schaut der Bauer heraus.

«So, Sie sind's noch! Wir gehen gerade ins Bett. Haben gedacht, wenn's da Ernst wäre, da wären wir schwer im Stich gelassen, da hätt' mein Wallach schon tot sein können in der Zeit! Aber gottseidank hat er schon nach zehn Minuten wieder aufgehört zu scharren. Herr Doktor, meine Frau sagt, da kommt so kalt rein, ich muß zumachen, gute Nacht!»

Und zu geht das Fenster und ich stehe da. Wissen Sie, sowas vergißt man sein Lebtag nicht.

Ich will mich nicht weiter mehr dazu äußern. Ich benötige allein noch fünf Minuten zum Umdrehen auf dem abschüssigen Hofgelände. Die Räder drehen durch, und droben liegen die Bauersleute in ihren warmen Betten.

Auf dem Heimwege, schleifend und rutschend, fahre ich vorsichtig den Berg runter und dann mit Schwung durch die schwierige Passage im Hohlweg. Ab Schiefertal geht es wieder normal, und meine von Ärger triefenden Gedanken finden den Weg zu Marc Aurel.

«Tilge die Meinung ich bin geschädigt worden», schrieb er, «und der Schaden ist getilgt.»

Wie recht er wiederum hat! Und wie schwer es wiederum ist, ihm zu folgen, wenn man sich als der letzte Dreck behandelt fühlt. Ich merke immer wieder, wie mein Zorn durchbrechen will, und ich stelle fest, daß es noch eine Menge wichtigere Dinge für mich zu lernen gibt, als nur eine gute Praxis zu machen.

Wie ich die Birnengasse hinunterfahre, schlotternd und frierend, denn auch der Ford hat keine Heizung, und unter den verschneiten Bäumen am Wiesenbach parke, schlägt es gerade elf Uhr. Mutter Burga hat auf mich gewartet. Sie zündet jetzt ein zweitesmal die Kerzen an, aber recht weihnachtlich ist's uns nimmer zumute. Erst wie wir den Glühwein trinken, den B.B. bereitgestellt hat, taue ich wieder auf und freue mich über das Buch, das mir meine Frau Bäuerle geschenkt hat und dessen Titel lautet «Bis zum Ende des Weltalls». Ich habe der Oberin eine Wollweste mit schönem Muster gekauft, und in einem zweiten Päckchen ist eine Pralinenschachtel für sie. Mäßig heiter sitzen wir noch eine ganze Stunde beisammen und verzehren die selbstgebackenen, süßen Plätzchen, von denen ich speziell die Lebkuchen und die Anisbrötchen bevorzuge.

7. Kapitel

Birgits gurrendes Lachen

Im Laufe des Januars habe ich in Schiefertal wieder meine halbjährliche Untersuchung auf Tuberkulose zu machen. Dabei wird ein Tropfen Tuberkulin in die Haut eingespritzt, und nach drei Tagen ist dann an dieser Stelle eine Schwellung entstanden, wenn das betreffende Tier mit Tuberkulose angesteckt worden ist. Man muß bei dieser Tätigkeit ganz schön aufpassen, denn die Tiere sind bei solchen Massenimpfungen immer recht unruhig und daher ist es neulich passiert, daß ich mir das Tuberkulin in den eigenen Finger gespritzt habe. Das Resultat war recht eindeutig. Schon am Abend war der Finger doppelt so dick, ich bekam Schüttelfrost und phantasierte die halbe Nacht durch. Die Oberin machte mir kalte Umschläge, und am nächsten Tag ging es dann wieder so halbwegs. Daß ich eine positive Tb-Reaktion habe, wundert mich nicht, wo doch keine Woche vergeht, in der ich nicht, wie jeder andere Tierarzt auch, in engsten Kontakt komme mit diesem fiesen Zeug.

Wie ich schon sagte, am dritten Tag müssen die Impfresultate bei den Rindern abgelesen werden, und so bin ich heute unterwegs und trage jeden Befund in die Stallisten ein. Bis jetzt ist es zufriedenstellend verlaufen, und die Tierbesitzer sind froh, denn abgesehen von allem anderen bedeutet diese Schwellung an dem Hautstückchen gleich eine Wertminderung von Hunderten von Mark pro Tier. Nun zum Abschluß komme ich noch zum Sihler, der das meiste Vieh hier hat am Ort. Gewohnheitsmäßig frage ich gleich unter der Stalltüre:

«Na, wie ist's denn ausgefallen?» denn die Bauern schauen natürlich selbst nach, ob's da Schwellungen gibt oder nicht. So kann man bereits an den Mienen, die sie auf meine Frage machen, das Resultat ablesen. Der Sihler, das merke ich sofort, schaut sehr bedenklich. Und tatsächlich, er hat auch allen Grund dazu. Alles hat reagiert, der ganze Stall! Vor einem halben Jahr, bei der letzten Untersuchung, waren nur fünf seiner Kühe geschwollen. Deshalb ist klar, daß seither mindestens ein Tier offene Tuberkulose bekommen und alle anderen, noch gesunden, angesteckt hat. Auch jetzt gerade, wo ich im Stall bin, ist damit zu rechnen, daß Millionen von Tb-Bakterien in der Luft herumschwirren, weil auch das erst einige Tage alte Kalb schon eine Tb-Reaktion zeigt. Angenehmes Gefühl das!

«So, Herr Sihler, daß der ganze Stall angesteckt ist, das haben Sie ja schon selbst gemerkt. Wir werden jetzt sofort ihre fünf verdächtigen Kühe abhorchen und Lungenschleimproben von ihnen entnehmen, damit wir rauskriegen, welche es war.»

Schwer läßt der Mann den Kopf hängen, denn was ich eben sagte, bedeutet, daß er alle diese Tiere hier in seinem Stall über kurz oder lang schlachten lassen muß. Tuberkulose kann man nicht abheilen bei den Tieren; nur durch Ausmerzung gelingt es, Tb-freie Bestände zu schaffen. Dazu muß ein zweiter Stall vorhanden sein, den man behelfsmäßig herrichtet, in der Scheuer vielleicht oder in einem Nebengebäude. In diesen stellt man zugekaufte Tb-freie Tiere und solche aus dem eigenen Bestand, die gleich nach der Geburt aus dem alten Stall rauskommen. Denn einen ganzen Bestand abschlachten auf einen Sitz, ausdesinfizieren und dann wieder neu einkaufen, das an und für sich idealste, das kann man niemand zumuten. Einmal wäre es finanziell nicht zu verkraften, und zum anderen gibt es im Augenblick überhaupt kein ausreichendes Angebot von Tb-freien Tieren.

Wie ich die Kühe abhorche und bei zweien recht erhebliche Lungengeräusche mit deutlichen Pfeiftönen feststelle, fragt mich der Sihler, ob es sein könne, daß sein dreijähriges

Enkelkind, das man gestern wegen Knoten am Darm ins Krankenhaus einliefern mußte, auch Tb habe. Man habe der Kleinen immer die Milch von der vorderen Kuh gegeben, die jetzt gerade beim Abhören so gehustet habe.
«Möglich ist das, Herr Sihler» muß ich ihm antworten, «die Kleinkinder bekommen häufig von tuberkulöser Milch Herde in die Mesenterialdrüsen. Da werden wir gleich auch noch Milchproben entnehmen, gut, daß Sie das erwähnt haben.»

Die Entnahme von Lungenschleimproben nun ist eine ganz eklige Angelegenheit. Denken Sie, da muß ich an eine Kuh ran, die bei jedem Atemzug ganze Wolken von Tuberkelbakterien ausatmet. Ich muß mit einem Messer ihr vorne in der Mitte des Halses ein Loch schneiden, ohne Betäubung! Durch dieses wird dann eine gebogene dicke Kanüle hineingestoßen, welche in die Luftröhre eindringen muß. Klar, daß kein Tier dabei ruhig hinsteht, klar, daß ich meinen Kopf immer vorne haben muß bei dieser Arbeit, wo die Bakterien am meisten rumsausen. Dann aber geht es erst los. Ich muß einen Pinsel, der an einem meterlangen Stahldraht befestigt ist, durch die Kanüle am Hals in die Lunge schieben, solange mit ihm hin- und herfahren, bis das Tier ins Husten kommt und ich erst den vollen Genuß habe. Jetzt darf ich den bakterienstrotzenden Draht wieder herausziehen, den vom Lungenschleim nassen Pinsel in ein Glasröhrchen stecken, den überstehenden Draht abzwicken und dann die Sache mit einem Begleitbericht nach Stuttgart ins Untersuchungsamt schicken. Hier sehen Sie mal mit aller Deutlichkeit, wo unsereiner seine Tb herkriegt.

Die erste Kuh hat wirklich «Offene». Und zwar Lungen- und Eutertuberkulose! Sie wird umgehend geschlachtet. Für das Enkelkind kommt das zu spät, nach monatelangem Krankenlager muß es sterben.

So verzahnt sich oftmals tierisches und menschliches Schicksal. Und nicht selten stehe ich selbst mitten drin in einem solchen Geschehen, kenne ich sie doch alle, die

Betroffenen, die Menschen und die Tiere. Manchmal ist das so bedrückend, daß es mir erst wieder leichter, ist, wenn ich alles meiner Oberin erzählt habe, meiner Mutti vom Wiesenbach. Sie, mit ihrer Ruhe und ihrem überschauenden Wissen, hilft mir über derartige Situationen hinweg.

Auch sonst, hauptsächlich wenn wir an den Abenden zusammensitzen, unterhalten wir uns meist über tiefgreifende Themen. Solche Gespräche mit meiner Oberin sind die einzige Abwechslung in der stets gleichlautenden Alltagskonversation mit meinen Bauern. Wohl bin ich schon da und dort mal eingeladen gewesen, einmal beim Pfarrer, einmal beim Notar, aber so recht gepaßt hat's mir nirgends, und deshalb ist dies auch ein Grund mehr, daß ich mir wieder mal ernsthaft überlege, ob ich nicht doch langsam heiraten sollte. Finanziell wäre es jetzt zu machen, und meine Oberin Burga würde mir bestimmt keinen Stein in den Weg legen, wenn sie dann auch zurücktreten müßte.

Ich werde mich mal umsehen!

Es geht ins Frühjahr hinein. Etwas Schnee liegt noch auf den höchsten Punkten der Albberge, aber in den Tälern grünt und sproßt es, und in den Hecken und Bäumen hört man die Vögel singen, es ist bereits Wetter zum Verlieben. Auch weht mit den lauen Lüften der Wunsch herbei nach Tagen auf St. Pauli, nach dem Geruch des Windes von See, nach dem Tuten der Dampfer in der Nacht und nach den Abenteuern der Tingeltangels. Aber nichts ist's in diesem Jahre mit dem Wegfahren, denn im Mai wird das Wespennest, wie ich immer die tierärztliche Szene bezeichne, um ein weiteres, ebenfalls sehr unangenehm schwirrendes Insekt vergrößert. Zur Hauptwespe Lutz, zu den Giftspritzern Wahl, Habicht und Wannenmayer, zum Schweineschneider Schiz, zu den Klauenschneidern und den reisenden Arzneiverkäufern, zu den Dorfkapazitäten der Schmiede und Viehvereinsvorstände kommt jetzt noch ein hauptberuflicher Pfuscher. Er heißt Rockl, und er läßt sich in Wasserheim nieder. Sein eigentlicher Beruf ist Schweizer (in der Schweiz würde man das «Melker» nennen), das heißt, er gehört zum Stallpersonal auf größeren Höfen, und seine erlernte Berufstätigkeit ist misten, melken und Kühe putzen. Solche Leute erleben im Laufe der Jahre vieles, was Kühe betrifft, sehen bei den Tierärzten dies und jenes, machen manche einfachen Dinge nach, und mitunter bedient sich sogar ein älterer Kollege, in den Sielen des Berufes müde geworden, so eines jungen starken Schweizers, wenn es darum geht, eine Schwergeburt zu meistern. Der alte Herr sitzt dann auf dem Stallschemel und gibt die Griffe an, und ein Kerl, der schnell kapiert, der lernt da natürlich manches. Ein solcher Schweizer bildet sich dann eventuell nach einigen Jahren ein, er könne selbst Tierarzt spielen, setzt ein Inserat in die Zeitung und beginnt mit dem Pfuscherhandwerk. Dieser Rockl von Wasserheim hat eine ganz ähnliche Laufbahn hinter sich, wie mir zugetragen wird, und er hat sich anscheinend eingemietet bei einem der größten Bauern von Wasserheim, bei dem ich selbst erst letztes Jahr Fuß gefaßt habe. Selbstredend werde ich nun zu diesem Keppelmaier überhaupt nicht mehr gerufen, und auch da und dort stelle ich bedauerliche Ausfälle fest. Man kann sich eigentlich nicht recht vorstellen, wie ein Mann mit so primitiver Vorbildung und mit so primitiven Mitteln eine Konkurrenz sein kann, aber bald erfahre ich es.

Da ist nämlich bei dem Jörglesbauer von Wasserheim im August eine Geburt. Wie ich reinlange, fällt mir auf, daß etwas viel Blut an meinem Arme ist, aber ich denke mir weiter nichts dabei. Das Geburtshindernis liegt in einem leicht verdrehten Tragsack, den ich mit zweimal Pendeln geraderichte. Das Rausziehen des Kalbes macht keine Schwierigkeiten, und nach einer halben Stunde gehe ich wieder aus dem Haus, und die Sache ist zur beiderseitigen Zufriedenheit erledigt. Aber abends um 8 Uhr, bälder hat's der Knilch wieder nicht sagen können, hängt der Jörglesbauer an der Strippe und jammert, daß seine Kuh kein Maul voll fresse. Was mich betrifft, so fahre ich natürlich gleich los, aber ich habe in diesem Falle ein ganz reines Gewissen, denn von der Geburt kann's nicht sein, das weiß ich bestimmt. Aber wie war das denn mit dem vielen Blut am Anfang? Sollte da ...? – Ich komme rein in den Stall. Tatsächlich, die Kuh trauert. Müde hängt ihr Kopf, ihre Augen blicken ängstlich und trübe, ihre Haare sind gesträubt, und der Rücken ist ein wenig gekrümmt. Ich sage gar nichts. Wortlos schreite ich zur Untersuchung. Mit dem nackten Arm rein in den Geburtsweg, abtasten der Scheidenwände und des Muttermundes: Nichts! Weiter, hinein in den Tragsack! Bis zur Achsel verschwindet mein Arm dabei in der Kuh. Ich stelle fest, daß die Nachgeburt normal abgegangen ist und überprüfe nun, vorsichtig mit den Fingern tastend, Stück für Stück der Innenwand des Tragsackes. Da, da habe ich es! Ganz eindeutig! Schweigend ziehe ich den Arm aus der Kuh. Dann blicke ich dem Kleinbäuerlein hart in die Augen.

«Beichten, beichten, Jörglesbauer!»

Der wird blaß und bleich, fängt an zu stottern und fragt ängstlich:

«Warum, warum?»

«Weil man diese Kuh noch heute abend schlachten muß. Da hat einer ein Loch in den Tragsack gemacht, bevor Sie mich geholt haben! Also los jetzt, beichten!»

Wie er das hört, wie er vernimmt, daß man seine Kuh schlachten muß, wo er überhaupt nur zweie hat, da wird's dem Männlein wind und wehe und er beschwört weinerlich, daß er alles sagen will.

So erfahre ich, daß der Pfuscher Rockl die Kuh geliefert hat. Weil der so billig ist und kein Geld will, sondern nur Naturalien nimmt, und weil eben ein Suppenhuhn oder zwanzig Eier leichter zu verschmerzen sind als eine Tierarztrechnung, deshalb holen ihn die Bauern, und aus diesem Grund habe auch er, der Jörglesbauer, der, wie ich wisse, ein armer Schlucker ist, den Rockl genommen. Aber wenn er das natürlich gewußt hätte ... Der Rockl habe das Kalb nicht herausgebracht und habe gesagt, daß es auf dem Rücken liegt und da habe er, der Jörglesbauer, den Stubenkehrbesen holen müssen. Den Besenstiel habe der Rockl dann in die Kuh hineingeschoben und dann außen mit beiden Händen daran gedrückt, damit er das Kalb herumdrehe. Als es dann aber einen Schnapper tat und der Besen blutig wurde, habe der Nichtskönner aufgegeben und sei davon mit der Bemerkung, daß es nicht gehe.

«So, so, Jörglesbauer, so ist das gewesen! Da haben Sie aber am falschen Fleck gespart, das ist eine Menge Lehrgeld, das Sie da zahlen müssen! Aber, was den Pfuscher anbetrifft, da stimmt doch was nicht. Von Naturalien allein kann doch heutzutage keiner leben. Woher bekommt der Pfuscher denn dann sein Geld?»

Da wird der Jörglesbauer aber halsstarrig und gibt keine rechten Antworten mehr und druckst herum. Nur so viel höre ich heraus, daß der Rockl auch von den Problemen der Bäuerinnen einiges verstehe und daß er da bis weit über das Schwipfinger Ländle hinaus geholt werde.

Im Städtchen Schwipfingen wohnt auch eine Schwester aus dem Kreiskrankenhaus, die mich eines Tages aufsucht, weil ihr «Dilli», ihr Wellensittich, nicht mehr frißt. Diagnostisch ist das weniger schwierig, als Sie vielleicht denken. Denn schon wie sie den Patienten aus dem Käfig nimmt, kann man sehen, daß dessen Schnabel lang und breit heruntergewachsen ist, daß er doppelt so lang ist wie normal. Auf diese Weise ist es ihm unmöglich, sich Nahrung zuzuführen. Dementsprechend stutze ich das Horngebilde und empfehle, im Vogelbauer einen Schulp anzubringen, diesen flachen Knochen des Tintenfisches, an dem die Ziervögel ihre Schnäbel so gerne abwetzen.

Die Oberin lädt anschließend die Schwester Birgit, wie sie anscheinend heißt, zu einer Tasse Kaffee ein, um mit ihr einen kleinen Plausch abzuhalten, weil sie immer gerne hört, was es Neues gibt an der Stätte ihres einstigen Wirkens. Ich selbst setze mich auch dazu, da mich die frische und muntere Art des schlanken, schwarzhaarigen Mädchens lebhaft beeindruckt. Es kommt mir daher auch ganz gelegen, daß ich gerade als sie aufbrechen will nochmals fort muß. Da kann sie natürlich mitfahren bis zur Wohnung ihrer Eltern samt ihrem «Dilli», und für mich ergibt sich gleich die Gelegenheit zu testen, ob sie etwas gegen ein Rendezvous hat. Offensichtlich ist das nicht der Fall, und ich fahre von da ab wieder öfters zur Kreisstadt, um nachzuschauen, ob Birgit ihren Nachtdienst auch richtig versieht. Dabei komme ich gleich beim erstenmal in den Genuß der kleinen Couch im Stationszimmer und bin rundum verliebt wie ein Pennäler und pfeife und singe und fühle mich absolut wohl in meiner Haut. Wie das so einige Wochen geht, komme ich echt auf den Gedanken, Birgit zu heiraten. Wir verstehen uns ausgezeichnet, und Birigt ist geistig außerordentlich rege und weiß überall Bescheid. So denke ich es wird am besten sein, wenn ich sie frage, ob sie damit einverstanden ist, daß wir an Weihnachten in den Stand der Ehe treten. Sie strahlt, hüpft an mir in die Höhe und ist ein einziges «Ja!» Ihr liebevolles Verhalten und ihre Zärtlichkeit übertrifft alles, was ich bis jetzt kennengelernt habe. Meine Oberin Burga freut sich königlich mit mir, und Birgits Eltern sind ebenfalls glücklich und stimmen gerne zu.

Im November nun aber werde ich, was kaum je einmal passiert, zu einem schwerkranken Hund in die Kreisstadt gerufen. Dieser gehört einem älteren Fräulein, das in Schwipfingen Verwandte besitzt. Wie ich hinkomme, höre ich schon unten auf der Treppe den «Schwerkranken» bellen, was zum Halse rausgeht. Das Fräulein öffnet einen Spalt der Glastüre, hinter der ihr Hundchen tobt und teilt mir mit, sie müsse den «Peperl» zuerst in die Stube sperren, sonst könne ich nicht herein. Als dies geschehen, darf ich das Wohnzimmer betreten, weil der Köter mittlerweile unter das Sofa gekrochen ist und seine Aktivität nun darauf beschränkt, unter den Fransen hervorzukläffen und seine

Zähne zu fletschen. Es ist eine kleine giftige Straßenmischung mit spitzer Schnauze und buschigem Schwanz, aber sein Frauchen versichert, daß er ganz brav und lieb sei. In letzter Zeit mache sie sich aber große Sorgen um ihn, weil er im Schlaf immer so schrecklich zittere und jaule und weil er außerdem so einen aufgetriebenen Bauch habe. Ich solle ihn jetzt mal gründlich untersuchen, damit sie wisse, wo die gräßlichen Schmerzen herkommen. Nun fordere ich das Fräulein auf, das Tier hervorzuholen, damit wir beginnen können. Beherzt schafft sie einen Schirm herbei und stochert mit diesem unter dem Kanapee herum. Erst hat sie keinen Erfolg, aber dann rast der Bursche durch die Stube, kratzt die Kurve um den Tisch, rutscht auf dem spiegelnden Linoleum aus und ist schon wieder unter der anderen Seite des Sofas verschwunden. Das Fräulein aber läßt sich nicht verblüffen und holt umgehend aus der Küche zwei Scheiben Schinken. Diese hält sie runter an die Fransen und dazu lispelt sie jede Menge Kosenamen, wie man sie bei Hunden anbringen kann. Aber erfolglos, der Racker läßt sich nicht übertölpeln. Nun täte es gerade Not, daß ich selbst da runterkrieche und den Kerl am Kragen packe. Aber das fällt mir natürlich nicht im Schlafe ein. Ich habe ohnehin schon genug gesehen und gehört, um eine Diagnose zu stellen.

«Lassen sie ihn nur drunten. Wenn er so krank ist, darf man ihn nicht noch mehr strapazieren. Ich weiß aber schon, wo es fehlt. Ihr Peperl leidet an Adipositas! Das ist eine schlimme Sache und wenn Sie nicht genau meine Anweisungen befolgen, lebt er an Weihnachten nicht mehr!»

Das Fräulein fängt an, Tränen zu wischen und ihren Dickmops zu bejammern, der fett ist wie ein Schwein, während ich fortfahre: «Ihr schönes Tier wird jetzt auf strenge Diät gesetzt, sechs Wochen lang, und in jeder Woche muß er ein ganzes Pfund abnehmen. Von dieser Arznei hier» – ich stelle ein kleines Fläschchen auf den Tisch –, «geben Sie ihm jeden Tag mittags um zwölf fünf Tropfen. Keinen mehr und keinen weniger!»

Der «Schwerkranke», der Fettsüchtige, erhält also nur Diät, und gegen das Jaulen und Zittern mache ich überhaupt nichts, denn das tun viele Hunde, wenn sie träumen. Jedoch vollgefressen bis zum Gehtnichtmehr schlafen sie selbstverständlich noch unruhiger.

Wie ich da fertig bin, fahre ich natürlich noch im Krankenhaus vorbei, obwohl ich um diese Zeit sonst nie hinkomme. Ich kaufe schnell beim Gärtner ein Sträußchen, und schon schlüpfe ich durch die Hinterpforte des großen Areals. Es ist die Zeit vor der Abendvisite, und auf allen Gängen ist es noch still und ohne Geschäftigkeit. Birgits Stationszimmer ist leer, aber ich gehe rein und stelle gleich mal die Blumen ins Wasser und auf ihren Tisch. Dann warte ich, denn ich weiß ja inzwischen, daß es eine ganze Weile anstehen kann, bis man jemand auf den Topf gesetzt hat oder Ähnliches. Als es aber doch zu lange dauert, gehe ich raus und schaue mich um, ob sie nirgendwo auftaucht. Gang rauf, Gang runter, nichts zu sehen. Vielleicht in der Teeküche? Ich öffne die Türe und erstarre. Wie ein Kartenhaus fallen mit einem Schlage alle meine Träume und Hoffnungen zusammen. In einer Ecke die Rückseite eines Arztmantels, weiße Hosen darunter, weiße Schuhe, dahinter Birgits gurrendes, tiefes Lachen. Ich weiß, daß sie nur so lacht, wenn ... Leise schließe ich die Türe. Wie ein begossener Pudel schleiche ich davon. Himmel, ich bin auch kein Heiliger, Sie kennen mich ja, aber mir ist gerade vollkommen der Boden unter den Füssen weggezogen worden. Ziellos laufe ich durch die Stadt. Die Tränen meiner Gedanken nässen meine Seele, und eine solche Traurigkeit befällt mein Herz, daß ich weiterlaufe und weiterlaufe, hinaus aus der Stadt, hinaus durch die Felder und immer weiter und weiter. Es ist schon lange Nacht, als ich mich wende und mit müden Schritten und hoffnungsleeren Augen zurückgehe. Wie wird das noch enden mit mir? Werde ich noch eine gute Frau finden, oder ...?

Viel Zeit habe ich nicht mehr.

Der November ist an und für sich schon ein trauriger Monat, aber heuer ist er doppelt trübsinnig. Nur mit Essen, viel essen und trinken halte ich mich über Wasser. Die Oberin weiß wie's steht, und sie kocht mir daher alle meine Leibspeisen und gibt sich Mühe, wo sie kann. Eigentlich wollte ich ja abmagern, aber jetzt ist mir schon alles egal. B.B. hat mir wieder neue Gummis angenäht, vorne an den Hosenbünden. Auf diesen breiten Laschen befindet sich am äußersten Ende der Knopf, mit dem die Hose schließt. Eine solche Hose wird nie zu eng, stets gibt der Gummi nach! Das ist sehr praktisch!

Mit der Trinkerei allerdings sollte ich immer dringender aufhören. Denken Sie, neulich in Hochdorf droben im «Hasen» habe ich mir einen derartigen Rausch angetrunken, daß ich in eine ganz verzweifelte Stimmung verfallen bin und mit dem Auto über die steilen, hohen Felsen des Grasberges hinabfahren wollte. Es war ein Glück, daß mir die Bauern den Zündschlüssel weggenommen haben. So ist dies noch einmal gutgegangen.

Birgit hat ein paarmal angerufen seither. Mit dem Arzt sei sie schon lange bevor wir beide uns kennengelernt hätten befreundet gewesen. Er habe sie in der Teeküche überrascht. Es sei bestimmt das letzte Mal gewesen. Viele beschwörende, viele liebe Worte kommen von ihren nun auch leidenden Lippen. Aber ich kann nicht mehr zurückfinden zu ihr, zu unserer frohen Zeit und auch nicht zu den Gedanken an eine gemeinsame Zukunft. Vielleicht ist das eine Fehlschaltung bei mir, vielleicht sollte man eine Ehe mit Verzeihen beginnen können. Mich quält das alles Tag und Nacht, aber es führt kein Weg mehr zurück für mein Gefühl. Birgit, das Mädchen, das ich geheiratet hätte, ist für mich verloren. Vielleicht wegen meiner Unfähigkeit! Ich komme nicht davon los.

Aber Mutter Burga sagt mir Tag für Tag dasselbe: Arbeite, arbeite viel, arbeite ununterbrochen, dann kommst du am schnellsten darüber weg. Und so mache ich es! Mit einem bis jetzt unbekannten Eifer sause ich durch die Gegend. Wie ein Wiesel in einen Hühnerstall so fahre ich in die Gemeinden. Und wo sich auch nur die Spur einer Behandlungsmöglichkeit ergibt, da packe ich zu. Dabei komme ich den lieben Kollegen ganz schön ins Gehege. Vor allem dem Herrn Dr. Habicht, den ich jetzt gern ganz und endgültig aus meinem Schwipfingen rausschmeißen würde. Kaum läuft aber meine Offensive einige Wochen, so wird mir berichtet, daß der Herr Kollege mit dem weißen Mantel bereits zum Gegenstoß angetreten sei. Er besucht jetzt nämlich am Sonntagmorgen den katholischen Gottesdienst in der Schwipfinger Josefskirche! Dort stellt er sich anscheinend hinter die große Säule gleich beim Eingang, damit ihn jeder sieht und die Bauern, wenn sie rein- oder rausgehen, ihm im Vorbeigehen zuflüstern können, was sie nachher, nach dem Gottesdienst erledigt haben wollen. Zum Beispiel, daß er schnell zwei Ferkel kastrieren solle, die morgen fortkommen, oder daß der Bulle so groß sei, daß man ihm jetzt einen Ring einziehen sollte. Der Kollege macht also in Frömmigkeit, und sein kulanter sonntäglicher Dienst am Kunden spricht sich schnell herum und findet guten Zuspruch, denn sonntagmorgens haben die Bauern Zeit, und sie laufen durch die Ställe und merken da etwas und dort. Zudem kann jedermann sehen, was für ein gläubiger Mensch der Doktor Habicht ist im Gegensatz zu dem ortsansässigen Tierarzt, der, so gewiß wie zweimal zwei vier ist, jetzt zuhause seinen Rausch ausschläft und den man an so heiligen Orten noch niemals nicht zu Gesicht bekommen hat. Aber ich lasse mich auch durch diesen ausgefallenen Trick nicht beirren, sondern wühle den Schwipfinger Boden um und um wie ein Wildschwein einen Kartoffelakker. Auch hilft mir ein Fall in Enderlingen, meinen geheimnisvollen Ruf zu vergrößern, auch wenn die Sache diesmal weder mit dem Heiligen Antonius noch mit einem abgerissenen Körperteil zu tun hat.

Wegen der warmen Witterung haben eine ganze Anzahl

von Landwirten ihre Rinder selbst jetzt noch auf der Weide. Dabei schonen sie den Heuvorrat auf der einen Seite und zum anderen tut es den meist tragenden Tieren gut, noch eine Zeitlang in der frischen Luft zu sein und in freier Bewegung. Auch der Fischer von Enderlingen hat seine Rinder noch draußen. Aber eines Morgens, wie er nachschaut, stellt er fest, daß eines am Boden liegt und tot ist. Wie ich es an Ort und Stelle in Augenschein nehme, kann ich rein gar nichts an ihm entdecken, was auffallend wäre. Gestern abend, berichtet der Fischer, war er noch selbst hier draußen, um den Zaun zu flicken, und dabei sei ihm nicht das Geringste aufgefallen. Zufällig sei gerade das jetzt verendete Tier ganz in seiner Nähe gewesen. Na ja, keine Anzeichen für eine Krankheit, keine Anzeichen für einen Unfall, ein Rätsel!

«Herr Fischer, das Rind müssen wir auf alle Fälle sezieren! Sagen Sie dem Fahrer von der Tierkörperbeseitigungsanstalt, daß ich morgen früh vorbeikomme und die Sektion durchführe. Aber jetzt möchte ich mir trotzdem alle anderen Weiderinder auch noch ansehen und dann die ganze Weide abgehen. Dies ist der reinste Krimi!»

Der Weiderundgang bleibt vollkommen ohne Resultat, aber bei einem der anderen Rinder finde ich etwas. Eines seiner Hörner ist blutig. Und nicht, daß es selbst irgendwo eine blutige Stelle aufwies, nur sein Horn war außen rot. Komisch! Denn das verendete Tier zeigte selbst nicht die geringste Blutspur, nicht die geringste Verletzung. Ganz komisch! Der Fischer spricht von Hexerei und meint, das Geld für das «Säxieren» wolle er sich lieber sparen, da komme doch nichts dabei raus.

So mache ich die Sektion auf eigene Rechnung, denn ich möchte schon sehen, ob ich nicht dahinterkomme.

Und ich komme dahinter!

«Herr Fischer, ihr Kriminalfall ist gelöst!» kann ich verkünden. «Denken Sie, wie das passiert ist: Das Rind mit dem blutigen Horn hat seinen Kopf nach hinten geworfen, wie das Weidetiere tun, wenn sie Insekten verjagen wollen, oder wenn sie sonst einen Juckreiz verspüren und sich an der Seite ihres Leibes mit ihrer rauhen Zunge lecken wollen. Bei dieser Bewegung ist das verendete Rind auf den Zentimeter genau so danebengestanden, daß dieses Horn mit ganzer Wucht genau mitten in den After gedrungen ist, ohne diesen zu verletzen. Dort innen im Darm hat das Horn dann ein großes Blutgefäß zerfetzt, und in der nächsten Sekunde war es schon wieder draußen. Der Schließmuskel ging sofort wieder zu, und das verletzte Tier verblutete sich schnell in die Bauchhöhle. Der Täter ist also entlarvt. Es war der Zufall des Augenblicks!»

Wenn nun auch der Fischer in seiner abwertenden Art zu mir sagt, daß er von diesem Ergebnis überhaupt nichts hat, weil das Rind schon kaputt ist, so erzählt er die Sache doch jedem, der ihm zuhört, und daher genieße ich jetzt auch noch den Ruf eines Detektivs, eines Geheimtips für knifflige Ereignisse.

Kurz nach Weihnachten, an einem klirrend kalten Morgen, treffe ich auf der Straße nach Wasserheim einen Schäfer aus Schwipfingen, den ich kenne, weil er mir einmal gezeigt hat, wie man bei einem Schafe «den Dippel bohrt». Ich lasse ihn daher einsteigen und nehme ihn mit.

«Na, wie geht's dem Schädelbohrer?» frage ich. «Das war doch toll, wie Sie damals mit dem Taschenmesser die dünne Schädelpartie aufschnitten, mit den Fingern den Gehirnblasenwurm herausgezogen und dann einfach einen Löffel voll Schnaps darüberleerten. Eine echte Gehirnoperation in der Rekordzeit von fünf Minuten war das! Ich weiß noch, wie ich zwei Wochen später überrascht war, wie das verheilt ist und wie auch der Dippel, das Imkreisgehen des Schafes, beseitigt war!»

«Oh, Herr Doktor Pfeffer, das ist ja nett, daß Sie sich meiner erinnern», antwortet mein Beifahrer, «aber mir geht's nicht sonderlich gut. Bin gerade auf dem Weg ins Unterland, will nach einer neuen Stelle Ausschau halten.

Wissen Sie, ich bin zehn Jahre in Schwipfingen gewesen, aber jetzt muß ich gehen, ich kann's einfach nimmer mitansehen, wie die Bauern meine Kinder verhauen!» Und er fügt hinzu: «Denen gehört allen auch der Dippel gebohrt!»

Der Schäfer geht, und das Jahr 55 geht. Was kann ich über mich sagen? Ich lebe, ich sitze etwas fester im Sattel, was die Praxis anlangt, aber immer noch ist das Stichwort «Kampf».

Und sonst? Mein Herz ist wund. Ohne Liebe, ohne Frau geht man vor die Hunde. Das habe ich jetzt verstanden. So fasse ich zwei große Vorsätze an Silvester: Friede mit den Kollegen und heiraten, heiraten jetzt erst recht und zwar schnell!

8. Kapitel

Eine Superfrau

Wenn ich so in mein Auto schaue, ich fahre jetzt schon den zweiten gebrauchten Ford, könnte es mir kalt den Rücken runterlaufen. Denn nach allem, was ich da sehe, bin ich eben doch ein rechter Schlamper vor dem Herrn. Ich will mich gar nicht entschuldigen, aber ich denke, vieles von der Unordnung, die ich auf meinem Rücksitz, auf meinem Nebensitz und noch mehr auf dem Boden und im Kofferraum erblicke, habe ich von meinem Lehrtierarzt, meinem großen Vorbilde, übernommen. Denn er, Sie wissen es ja, war ein Aß, er war Spitze. Und so liegen eben auch meine Spritzen und Nadeln auf dem Boden hinter dem Fahrersitz, befinden sich auch meine Instrumente für die häufigeren Operationen in einer großen Keksbüchse und die übrigen, die hauptsächlich als Ausstellungsstücke Verwendung finden, in einer offenen Holzlattenkiste. Meine Arzneischachteln, vom Mitnehmen in die Ställe mit Blut- und Mistspritzern dekoriert, lagern sich malerisch durcheinander. Das Wurfzeug, mit dem man Pferde fesselt, an dessen langem Seil noch Gras und Erde vom letzten Einsatz haften, liegt neben dem Glaszylinder zur intravenösen Infusion, und wenn ich über meine Feldwege fahre, höre ich als Musik meines Berufes das Klingeln und Klirren der vielen Flaschen und Fläschchen aneinander rings um mich her und das Scheppern und Stoßen der Instrumente in Büchse und Kiste.

Sollten Sie jetzt auf den folgerichtigen Gedanken kommen, dieser doctor med. vet. in Schwipfingen sei seines akademischen Grades absolut unwürdig, weil man solche Leute zum hygienischmedizinischen Abschaum rechnet, dann lasse ich das alles mit der Miene des Verzeihenden auf mir sitzen. Denn dort, wissen Sie, wo es wirklich draufankommt, in der Effektivität von Diagnose und Therapie, da stimmt bei mir der Laden, da gibt es nichts zu meckern.

Kleinlichkeit, wenn es sich darum handelt zu improvisieren, kann man mir auch nicht vorwerfen. Neulich wollte ein Schweinehändler aus Wasserheim, bei dem ich gerade eine Bucht voll Läuferschweine gegen Rotlauf impfte, daß ich ihm noch, weil ich ohnehin gerade da sei, einen Eber mit fünf Zentnern kastrieren solle. Da man eine solche Gelegenheit sofort beim Schopfe packen muß, schritt ich auch umgehend zur Tat, schnürte ihn zusammen, spritzte eine intratestikuläre Anästhesie und begann mit den Hautschnitten. Wie die pfundschweren beiden Rieseneier dann zu den Hautöffnungen heraushingen und ich sie abschneiden wollte, fiel mir ein, daß ich keinen der sterilen Abbindefäden dabei hatte. Das Abbinden darf man aber bei so einem alten Kerl nicht unterlassen, weil er sich sonst aus den dicken spritzenden Gefäßen verblutet.

Na ja, jetzt kann ich mich natürlich nicht blamieren, und geschehen muß da sofort was. Also greife ich auf gut Glück schnell samt meinen blutigen Händen in meine Hosentasche, den Schweinehändler schicke ich währenddessen nach frischem Wasser, finde, was ich suche, ziehe ein blauweißgefärbtes Stück gewöhnlicher Schnur hervor und binde damit sofort die Samenstränge ab. Wie er mit dem Wasser kommt, ist der bayrische Bindfaden bereits mit den zurückschnellenden abgeschnittenen Samenstrangenden im Tierkörper verschwunden. Ob es Probleme gegeben hat mit der Abheilung? Nicht daß ich wüßte! Es ist überhaupt komisch. Die unmöglichsten Dinge heilen ohne jede Schwierigkeiten ab, und die einfachsten führen oft zu den größten Komplikationen. Gerade mit Ebern zum Beispiel. Da habe ich letztes Jahr einen gehabt, dem seine Kastration verlief direkt bilderbuchmäßig. Alles FF von der Schmerzbetäubung bis zu den abgekochten Instrumenten und dem sterilen Faden. Der Delinquent stand auch gleich wieder auf und war quietschfidel. Aber gefressen hat er nicht. Und wenn ein Tier einen ganzen Tag nicht frißt, dann bedeutet das schon Alarmstufe eins. Und dieser Eber nun, der trat regelrecht in den Hungerstreik. Nicht einen Tag, nicht zwei Tage, nicht nur eine Woche. Nein, drei ganze Wochen brachte er mich und seinen Besitzer fast zur Vergasung, weil er nichts, rein gar nichts fraß. Weder hatte er Fieber, noch war an der Wunde irgendwas zu beanstanden. Plötzlich dann, genau nach 21 Tagen, fing er wieder an und haute sofort voll rein. Sowas kostet Nerven! Man denkt an allem Möglichen rum, probiert dies und das, und alles nützt nichts. Ich glaube, der Kerl von damals hatte den «Moralischen». Könnt einem selbst ja auch so gehen nach einer solchen Prozedur, meinen Sie nicht?

Mit meiner Sauferei, da ist es noch nicht viel besser geworden, im Gegenteil, ich trinke den Schnaps bei den Bauern jetzt schon aus den Mostgläsern. Es wird höchste Zeit, daß ich in den Hafen einer Ehe einlaufe. Verflixt und zugenäht, ausgerechnet ich, der ich mit einer so großen Affinität zum Weiblichen geboren bin, strolche jetzt noch mit meinen dreiunddreißig Jahren in der Gegend herum wie sonst nur ein hartgesottener Weiberfeind. Aber die langen Jahre des Kriegsdienstes, des Studiums, und die Zeit des Hungerleidens nach der Praxisgründung, diese zehn Jahre, die habe ich auf mich nehmen müssen ohne, wie ich meinte, ein zweites Leben an mich binden zu dürfen. Vielleicht war das irre, vielleicht war das patriarchalischer Denkstil, vielleicht bin ich ganz schön selbst schuld an meiner Misère! Und was danach sich bei mir abspielte in Sachen Liebe, da sind Sie ja selbst Zeuge geworden.

Es kann eben keiner aus seiner Haut, und jeder denkt sich, daß es so richtig ist, wie er's macht. Und dazuhin, wem gelingt es schon, nicht am Leben vorbeizuleben, mitunter! Sei's wie's will, auf jeden Fall bin ich entschlossen, die erste beste Gelegenheit wahrzunehmen, um meinen diesbezüglichen Status zu verbessern.

Dies geht mir durch den Kopf, wie ich eines Abends im Februar zu einer Party fahre, die ein ehemaliger Klassenkamerad vom Gymnasium bei sich zuhause veranstaltet. Dieser Klaus hat von einem Onkel eine Fabrik geerbt und ist nun auf die gute Idee gekommen, zu einer seiner vielen Gesellschaften auch mal den armen Landtierarzt einzuladen, weil er scheint's sonst diesmal zuviel Damen ohne Tänzer herumsitzen hat.

Es sind an die zwanzig Personen, die mit Sekt auf einen fröhlichen Abend anstoßen, und ich lasse bereits sondierend meine Augen über die vorhandenen Evastöchter schweifen. Eine Blondine mit fülliger Oberweite erregt zuerst mein Interesse. Im Laufe des Abends werden wir näher miteinander bekannt und finden Spaß aneinander. Es wird eine Menge Zeugs getrunken, und alle kommen erheblich in Fahrt. Die Tanzfläche ist fast immer voll besetzt. Doch mit einem Male fängt eine das Abklatschen an, und im Nu ist meine Blondine weg, und ich bin in den Armen einer anderen Frau. Richtig, ich habe den Eindruck, ich bin in ihren Armen, nicht sie in den meinen. Sie scheint mich gesucht und gefunden zu haben. Eng schmiegt sie sich an mich, gleich von der ersten Sekunde an, und in einer Art, wie wenn wir beide erst vor ein paar Minuten miteinander geschlafen hätten. Kennen Sie das? Und sie ist auch beileibe nicht häßlich zu nennen. Im Gegenteil, sie ist ohne Zweifel süß wie Zucker. Gesicht, Figur, das weit dekolletierte Seidenkleid, durch das die Wärme ihres Körpers so hautnah auf mich übergeht, alles das zieht mich im Augenblick in ihren Bann. Und von da an dauert es nur noch etwas weniger als eine Minute, bis ich rettungslos in sie verliebt bin. Da öffnet sie mir nämlich, indem sie eine Hand zwischen unsere Körper schiebt, am Hemd ein Knöpfchen, dringt mit ihren zarten Fingerchen ein und streichelt mir langsam über Bauch und Brust. Ich muß dazusagen, daß man mittlerweile hier im Raum nur noch die Kerzen brennen hat und daß auf der dichtgedrängten Tanzfläche eine schummrigdiskrete

Beleuchtung herrscht, wogegen niemand Einspruch erhebt. So kann diese kleine Eskapade von kaum einem beobachtet werden, auch sind die anderen Paare alle recht angelegentlich mit sich selbst beschäftigt. Nun ist es ja bei mir so, daß, wenn ich mein Hemd ausziehe, man meinen könnte, ein Pelztier komme heraus, eine solch starke und dichte Behaarung überzieht meinen Körper. Wie nun das kleine Händchen das zu fühlen kriegt, gerät es offensichtlich nebst dem dazugehörigen Persönchen in eine solch verzückte Erregung, daß sich in Sekundenschnelle eine Kettenreaktion abspielt, mitten auf der Tanzfläche. Die kleine Hand nämlich gleitet zwischen meinem Hemd und dem Seidenkleid in die Tiefe, öffnet den Reißverschluß, und während wir im Gedränge eines Blues fast stehen, spüre ich ein phantastisches Gefühl in mir hochkommen und meine freie Hand ist natürlich auch schon eine ganze Weile in dem tiefen Dekollete versunken. Japsend tanzen wir, und eingekeilt zwischen anderen Paaren treiben wir in Windeseile einem einmaligen Erlebnis entgegen.

Und das Phantastische! Wir kommen zusammen, zur gleichen Sekunde! Gut, daß ein zweiter Blues sich anschließt, einen Boogie hätten wir so schlecht überstanden.

Mann, Mann, noch nicht ein einziges Wort miteinander gesprochen und schon gemeinsam inmitten der anderen ...! Das beseligende Schwindelgefühl, im Taumel der Sinnlichkeit bis an den Rand des Bewußtseins katapultiert zu werden, ebbt bei mir nur langsam ab, und der fremden Frau an meiner Brust geht es anscheinend genauso. Später, in einer stillen Ecke, beginnen wir miteinander zu reden, erfahren wir, wer wir sind und wie wir heißen. Ihr Name ist Mia Delfter, und sie arbeitet in einem Großbetrieb der Stadt als Sekretärin des Direktors.

Es war nicht Liebe auf den ersten Blick, es war Liebe auf die erste Berührung. Die ganze Nacht über halten wir uns bei den Händen oder berühren uns mit den Knien oder mit den Lippen, und ich vermute, daß es noch niemals auf der

Erde einen so glücklichen Menschen gegeben hat wie mich.

In den folgenden Tagen merke ich, daß ich in eine der seltenen, wild reißenden Strömungen des Lebens geraten bin, wo man sich einbildet, Berge versetzen zu können, wo man mit federnden Sprüngen über die Randsteine setzt, wo man einfach alles anpackt, wo alles gelingt, und wo man den Puls des Daseins, das pochende Glück des Lebens, unablässig bis zum Hals herauf schlagen hört.

Nonstop kreisen dazu meine Gedanken um das Seidenkleid und um die zarten Händchen, eine kleine warme keimende Zunge leckt mir die Brust, dringt in mein Ohr, und ich falle dabei von einer Liebesnarkose in die andere. Tag und Nacht brennen die Hochöfen meiner Leidenschaft, und alles zerschmilzt, was man Ruhe, was man Überlegung heißt.

Sie sollten dieses Mädchen wirklich einmal sehen! So können Sie sich nur schlecht einen Begriff von ihr machen. Beine hat sie, bis in den Himmel, und in ihren Augen liegt ein solch verführerischer Ausdruck, daß allein durch ihn schon die Schauer des Begehrens durch meinen Körper gejagt werden, und das vermutlich mit einigen hunderttausend Volt! Von ihrer Stirne baumeln verspielte lustige Korkenzieherlöckchen, deren jedes einzelne mich zu Küssen verführt. Und dann sind da noch Gerüche, die mich locken und bezaubern, Düfte stets wechselnder Parfums, die ihren Kleidern und Dessous entsteigen.

Und ihre Heißblütigkeit erst! Gehen wir irgendwo spazieren in der Natur, so kann es sein, daß sie ohne ein Wort ihre Bluse öffnet, eine Brust herausnimmt und dieser die Landschaft zeigt. Das sind Spaziergänge! Und es dauert dann auch nur wenige Minuten, dann ist diese herrliche Frau eine sagenhaft süße Explosion von saugenden Lippen, beißenden Zähnchen und zartkratzenden Fingernägeln.

Wen wundert es unter diesen Umständen, daß wir bereits nach einer Woche beschließen zu heiraten. Am ersten April, also schon in vier Wochen, soll die Hochzeit sein.

Und eine Wohnung habe ich auch schon. Der Stricker vom «Adler» hat nämlich Baugelände für einen Industriebetrieb verkauft, der sich in Schwipfingen niederlassen will, und mit dem Erlös ein Zweifamilienhaus errichtet, mitten im Ort und – ganz geschickt für mich – direkt an der Durchgangsstraße Wasserheim-Degersbach. In diesem Neubau bekommen wir die Parterrewohnung und dazu noch einen Raum im Souterrain, den wir als Kleintierbehandlungszimmer herrichten können.

So ein Glück wie ich auf einmal habe! Eine Prachtsfrau, eine Neubauwohnung und eine Praxis im Aufwind! Was könnte ich mir noch mehr wünschen?

Es spricht sich natürlich in Windeseile herum, daß der Schwipfinger Tierarzt heiratet und in Strickers Neubau einzieht. So haben die Leute mal wieder ein Thema, an das sie ihre Rückblicke knüpfen können und das sie zu Prognosen herausfordern wird. Einige allerdings halten mit ihren Erkenntnissen nicht hinter dem Berg und glauben im letzten Moment noch mein dürftiges Wissen in puncto Ehefrauen auf Vordermann bringen zu müssen. Der Kübler zum Beispiel, der knauserige, vom Wannhof, stellt das finanzielle Problem in den Mittelpunkt seiner Ausführungen, indem er ernsthaft auseinandersetzt:

«Herr Doktor, denken Sie dran, unansehnlich werden sie alle, aber's Sach, das bleibt!»

Dagegen meint der Wiesenbauer mit einem Blick auf seine gewichtige bessere Hälfte:

«Hoffentlich haben Sie sich ein junges und leichtes Mädchen ausgewählt, denn alt und schwer werden sie von selbst!»

Der «Zeppelin», der ja noch Junggeselle ist, hat nur ein mitleidiges Lächeln für mich übrig:

«Wie kann man nur! Herr Doktor, Herr Doktor! Wo man das Kalbfleisch immer noch pfundweise kaufen kann, da heiraten Sie! Hätte nicht gedacht, daß Sie so einen dummen Streich machen!» Und der Stricker von Enderlingen, wissen

Sie, der mit den singenden Hennen von damals, der weiß zum Schluß noch das Allerschlauste zu sagen:

«Sie wären, im Vertrauen gesagt, Herr Doktor, schön blöd, wenn Sie eine Häßliche nehmen würden, wo doch eine Hübsche auch nicht mehr frißt!»

Kopfüber, wie in diese Liebe, so stürze ich mich auch in die Hochzeit. Alles ist ganz anders, ich kenne mich selbst nicht mehr! Mit leichter Hand gebe ich meine sauer verdienten Scheinchen für Dinge aus, die ich noch vor kurzem als absolut unsinnig abgetan hätte. Denn ich werde nicht nur von Kopf bis Fuß nach neuester Mode gekleidet, bekomme Manschettenknöpfe, Krawattennadel und Herrenparfum, sondern akzeptiere auch selbst so verwegene Anschaffungen wie einen Übergangsmantel und Glacéhandschuhe. Und nicht, daß wir in den nahegelegenen Kreisstädten einkaufen gingen, nein! Wenn schon, denn schon, wir kaufen alles in den besten Häusern auf der Königsstraße in Stuttgart. Mia kennt sich da hervorragend aus, und schon bald sind wir beide ausstaffiert, daß wir uns sehen lassen können. Ich staune selbst, wie ich in so eleganten Klamotten ausschaue. Begriffe der Eitelkeit beginnen bereits ihren Einzug in meine Gedankenwelt zu halten. Aber mein Schatz will es eben nicht allein bei der optimalen Pflege meines Sexuallebens bewenden lassen, sondern setzt seinen ganzen Ehrgeiz drein, auch mein ländlich-nachkriegsmäßiges Exterieur nach Kräften aufzupolieren.

«Ein Akademiker muß auch was vorstellen!» sagt sie immer, und allmählich komme ich zu der Ansicht, daß sie recht hat.

Mutter Burga ist zwar dieser neuen Entwicklung gegenüber etwas reserviert, wie mir vorkommt, aber sie ist halt wohl doch eine schon älter werdende Dame mit der etwas provinziellen Denkweise einer Schwipfinger Bürgerin, und deshalb hat sie vermutlich Schwierigkeiten dem Modernen gegenüber. Ich denke aber, daß sich das bald geben wird.

Alles läuft wunderbar, die Vorbereitungen sind fast abgeschlossen, und der Tag kommt, wir stecken uns die Ringe an, fahren mit einem amerikanischen Straßenkreuzer zum Standesamt und haben eine ganz verrückte Hochzeitsnacht, die erst durch den frühen Anruf vom Gerlach aus Schiefertal beendet wird, weil der eine Geburt hat.

Sie können sich denken, daß so ein nacktes, ausgepumptes Männlein sich nur mit einigen lästerlichen Bemerkungen über so einen Beruf entschließt, dem Rufe seines Gewissens Folge zu leisten. Meine junge Frau aber hält mich im Bette fest.

«Bitte fang doch nicht so unsere Ehe an! Komm nochmal zu mir! Die sollen warten, bis du kommst!»

Schließlich und endlich, und nachdem ich im dämmernden Morgen mein beim letzten sanften Beschlafen eingeschlummertes Weib unter der warmen Decke alleingelassen habe, steige ich in die kalte Unterhose, und wenig später brumme ich, ungewaschen und unrasiert und am ersten Tag meiner Ehe nach Schiefertal hinaus.

9. Kapitel

Die Ehe mit Mia

Beim Gerlach aber dauert es lange, denn es handelt sich um eine Kalbel, eine Erstgebärende. So einer muß man Zeit lassen, damit sich der noch enge Geburtsweg weiten kann. Daher habe ich zuerst mal den hitzigen Bauern zu bremsen, der da meint, dieses Kalb müsse hoppla hopp herausgezogen werden.

« 's Stendle brengt 's Kendle», dämpfe ich original Schwäbisch seinen blinden Helferwillen und gehe dann daran, das ungeborene Tierchen immer wieder nach den Wehen zurückzuschieben. Auch mit Schweineschmalz spare ich nicht und drücke es pfundweise zur Schlüpfrigmachung hinein.

Auf diese Art gelingt es im Verlaufe von eineinhalb Stunden, die kleine Tochter ohne eine Verletzung für die Mutter zur Welt zu bringen.

Anschließend gehen wir in die Küche, wo mir die Bäuerin sechs Spiegeleier in die Pfanne haut, während ich mich am Ablauf wasche. Meine Bauern wissen alle, daß ich gerne vespere, auch wenn's am Morgen oder in der Nacht ist. Sie kennen schon meinen Schlachtruf, denn wenn ich auf einen Hof fahre, hupe ich zuerst ein paarmal recht kräftig, daß niemand im Zweifel ist, wer kommt, dann öffne ich den Wagenschlag und schreie mein gewohntes «Wasser, Seife, Handtuch, Fett und ein Vesper, und was ich zuletzt gesagt habe zuerst» in die Gegend, worauf schon eine Menge Leute Bescheid wissen, was sie zu tun haben, bevor sie mich noch sehen. Selbstverständlich kann man, wenn im Stalle eine Schwergeburt läuft, nicht zuerst in die Stube sitzen und eine Stunde lang vespern, dafür könnte niemand Verständnis aufbringen. Aber nachher dafür um so mehr. Da herrscht dann eine gelöste Atmosphäre, jedermann ist froh, daß alles gut überstanden ist, und ich muß sagen, daß es mir da immer ganz ausgezeichnet schmeckt. Und heute besonders. Da passen die sechs Eier natürlich ganz hervorragend in meinen ausgemergelten Leib, und ich trinke dazu einige Zwetschgenwasser und auch etliche Gläser Most.

Weil ich nun gerade schon da bin, muß ich anschließend bei einem Nachbarn, der mitgeholfen hat, noch eine Kuh spülen.

Ich bin heilfroh, wie ich fertig bin mit allem und fahre in langsamem Tempo nach Hause in der Hoffnung, daß jetzt schon das meiste geschafft wäre für heute, damit ich mich hinhauen kann und ein bißchen nachschlafen. Aber wie ich vor unserem Hause halte, da steht dort ganz verzweifelt der Stricker vom «Adler» und jammert, daß er schon den ganzen Morgen anruft und daß niemand sich am Apparat meldet, und da ist er selbst hergerannt und hat an der Glocke geschellt, aber auch da hat sich immer noch nichts geregt. Und dabei hat er doch eine Kälberkuh im Stall, die heute morgen nicht mehr aufgestanden ist und auch nichts gefressen hat, und die ganz steif auf der Seite liegt.

Während er das erzählt, habe ich ihm schon die Wagentüre geöffnet, ihn neben mir Platz nehmen lassen und bin losgefahren. «Mensch, Herr Stricker, das ist Gebärparese! Da kann sie jederzeit kaputtgehen, da müssen wir so schnell wie möglich eine intravenöse Infusion machen!»

Ich presche am «Adler» um die Ecke und haue vor der Stalltüre die Bremsen rein und springe in den Stall. Ganz hinten sehe ich sie liegen. Der Knecht steht dabei, und wie er mich daherrennen sieht, ruft er mir entgegen:

«Ich glaub', die ist schon hinüber!»

Mir fährt ein Schreck durch die Glieder. Kopf ans Herz! Stille! Verflixt und zugenäht!

«Tut mir leid, Herr Stricker, der Schorsch hat recht! Da ist nichts mehr zu machen», bringe ich mühsam hervor. «Ich war in Schiefertal bei einer Geburt», suche ich mich zu entschuldigen. Doch das haut nicht hin, und der Adlerwirt kontert:

«Wenn ich das gewußt hätte, dann hätte ich in diesem Falle eben einen anderen geholt! Das geht doch nicht, daß sich in Ihrer Praxis niemand meldet! Ich habe ja Verständnis dafür, daß man an seiner Hochzeit nicht gestört werden will, aber am nächsten Tag, da heißt's wieder auf dem Posten sein, sagen Sie das nur Ihrer Frau! Die ‹Paula› da war eine meiner besten Milchkühe, und wenn mir auch der Viehversicherungsverein den Fleischwert ersetzt, so bleibt mir doch ein Schaden von bald tausend Mark! Meine Frau wird sicher darauf bestehen, daß Sie uns diese Summe ersetzen! Und die vom Viehverein werden auch schimpfen wie die Rohrspatzen!»

Da hab ich's aber faustdick übergebraten bekommen. Da geht's ja schön los. Mein Frauchen ist sicher total übermüdet gewesen, denke ich beim Heimfahren, und hat überhaupt nichts gehört. Sowas Dummes!

Aber als ich heimkomme, sehe ich, wie die Glocke abgestellt ist und der Telefonstöpsel rausgezogen. Ein deftiger Zorn steigt in mir hoch, doch gleich nehme ich meine Liebste vor mir selbst in Schutz: Sie hat ja noch gar keine Ahnung davon, was sie damit anrichten kann. Ich werde ihr's schonend beibringen. Wir haben uns ja so lieb, sie wird das schnell einsehen.

Im Wohnzimmer werfe ich mich in einen Sessel und warte, bis sie aus dem Bad kommt. Da geht schon die Türe auf und strahlend tritt mein kuscheliges Betthäschen herein. Die Frisur, die Augen, die Lippen, das kurze Modellkleid, die Beine ... ich springe hoch und auf sie zu und schließe sie in meine Arme, mein süßes, mein schönes, mein reizendes Frauchen!

«Puh, du stinkst nach Stall, puh, geh weg von mir! Das kann ich nicht aushalten!»

Schockiert trete ich zurück. Es ist, wie wenn meine Frau eine eiskalte Dusche über mir angestellt hätte.

«Bitte setz dich zuerst in die Badewanne, und dann zieh frische Kleider an!»

Wie Mia nun merkt, daß ich grenzenlos enttäuscht sie anblicke, fügt sie erklärend hinzu:

«Veith, wir wollen von Anfang an klare Verhältnisse schaffen. Du mußt deinen Beruf ausüben wie seither, das ist o.k. Aber auch ich werde bleiben, was ich seither gewesen bin, eine lustige, eine gepflegte und eine immer zur Liebe aufgelegte Partnerin. Dies aber heißt, daß du mich mit allem, was mit deiner Praxis zusammenhängt, verschonen mußt, und vor allem und in erster Linie mit diesem Gestank, der mir direkt widerlich ist. Am besten läßt du deine Praxiskleider gleich außerhalb der Wohnung. Ich werde dir im Keller einen Kleiderschrank aufstellen lassen, und wenn du gehst oder kommst, ziehst du dich schnell dort unten um. Das ginge doch zu machen. Einverstanden?»

Nein, ich bin überhaupt nicht einverstanden! Zum Donnerwetter! Ich komme mir wie ein Hanswurst vor. Das ist doch so übertrieben, so unnatürlich und so diffamierend, daß ich mich furchtbar zusammennehmen muß, um nicht loszubrüllen:

«Du spinnst im höchsten Grad!»

Aber nach einer solchen Hochzeitsnacht von so einsamer Spitze ist mein Herz milde gestimmt, und ich sage nicht viel dagegen und nicht einmal etwas von der Kuh im «Adler», was mir, wie Sie sich denken können, auf der Zunge liegt. Und ich tue ihr auch den Gefallen und bade und ziehe mich um. So sieht uns der Nachmittag in seligem Einvernehmen wieder unter der Bettdecke, wo wir vorhaben etwas auszuruhen, was aber doch auf nichts anderes hinausläuft als, na ja, Sie können's sich schon denken.

Glücklicherweise bleibt's sonst in der Praxis heute ruhig, ein Zustand, den ich bisher noch an keinem einzigen Tage herbeigesehnt, aber leider allzuoft schon erduldet habe. Deshalb kann ich nach dem Nachtessen die Gelegenheit wahrnehmen und meiner kleinen süßen Bettgenossin das Wesentlichste über die Dinge erzählen, die eine Tierarztfrau bei der Erfüllung ihrer vielfältigen Aufgaben wissen muß. Ich beginne mit dem Telefondienst und erkläre, warum es so wichtig ist, daß man die Adresse immer genau aufschreibt, weil ich sonst, wenn da vielleicht nur Laible, Schwipfingen steht, bei allen fünfen rumkurven muß, bis ich den richtigen habe.

Und dann natürlich nicht vergessen, den Anruf überhaupt aufzuschreiben! Wenn die Versorgung nicht läuft wie am Schnürchen, dann kann man im tierärztlichen Beruf gleich einpacken. Es ist selten, wenn ein Landwirt ein zweites Mal anruft. Gut, sagt er sich, wenn der Pfeffer nicht hergeht, dann hole ich den Habicht oder den Lutz oder einen von den anderen. Auch kann es passieren, daß wenn ich auch nur mit einem Zeitverzug von ein paar Stunden z.B. bei einem kranken Kalbe ankomme, schon eines anderen Kollegen Auto vor dem Stall steht. Das habe ich schon einige Male erlebt. Ich muß also auf Zack sein, wenn ich im Rennen bleiben will, und ich kann es nur, wenn zuhause mein Telefondienst einwandfrei funktioniert.

Wenn also einer eine Geburt anmeldet oder ein Pferd die Kolik hat oder überhaupt etwas, was eilt, erledigt werden soll, dann muß man wissen, wo ich jetzt im Augenblick gerade sein könnte und muß mir auf der Stelle nachrufen und den dringenden Fall durchgeben.

Oft entscheidet so allein schon eine exakte Nachrichtenübermittlung über Leben und Tod. Als Beispiel nenne ich den Fall, der sich heute früh bei uns selbst zugetragen hat und die Folgen, die sich vermutlich daraus ergeben.

Mia hat bis dahin schweigend zugehört, scheint aber nur von dem Letzteren echt beeindruckt. Und dazu nimmt sie auch sofort Stellung:

«Das zahlst du auf gar keinen Fall! Da muß der zuerst nachweisen, daß seine Kuh überhaupt hätte gerettet werden können. Da könnte ja jeder kommen. Und außerdem,

Veith, morgens will ich meine Ruhe haben! Erstens habe ich die verdient, wenn ich mich die ganze Nacht über mit dir rumbalge, und zum zweiten ist Morgenschlaf Schönheitsschlaf, und ich muß schauen, daß mein Teint nicht leidet. Wir brauchen also Personal! Da kommen wir nicht dran vorbei. Denk doch auch, ich kann doch nicht den ganzen Tag hier herumsitzen und das Telefon hüten, da bekommt einer ja Mattscheibe! Und ich muß ohnehin zum Einkaufen, muß zum Friseur, im Sommer auf den Tennisplatz und ins Freibad und im Winter zum Skilaufen. Was glaubst du, wie ich da aussehen würde binnen kurzem, wenn ich mich nur da herinnen in die Wohnung hocken würde! Ich will nicht zu einer bleichen Zimmerpflanze werden, das ist bei mir nicht drin, so haben wir nicht gewettet!»

Hm, hm, hm! Ächzen könnte ich, stöhnen könnte ich, aus der Haut fahren könnte ich. Aber zu alledem komme ich nicht, weil diese für mich so neue Mia ihre Ausführungen anscheinend noch gar nicht beendet hat.

«Und was die Hausarbeiten anbetrifft, benötigen wir ja sowieso eine Kraft. Für mich kommt das nicht in Frage, mir würden die Fingernägel abbrechen, das Haar würde verschmutzt, und die teuren Kleider würden leiden. Du mußt also schauen, daß wir baldmöglichst jemand ins Haus kriegen, der das Telefon versorgt und der kochen kann. Außerdem wird diese Person deine Praxissachen in Ordnung halten und dir bei den Hunden und Katzen helfen! Was die schriftlichen Arbeiten anlangt, die erledige ich dir selbstverständlich.»

Da hast du den Dreck! Ja gibt's denn sowas? Heiraten und große Dame spielen wollen! Geld rauswerfen für Personal, wo ich doch kratzen muß, daß wir durchkommen. Aber nur jetzt nicht gleich Fraktur reden, nicht gleich alles kaputtmachen, sage ich mir. Biegen wird besser sein als brechen! Außerdem, so denke ich, muß man in der Liebe in der Lage sein, auch mal ein kleines Martyrium aushalten zu können. Gewiß kann ich ihr nicht verübeln, daß sie ihre eigenen Vorstellungen hat von unserer Ehe, wie ich selbst ja auch. Aber man muß doch auf dem Boden bleiben. Und wenn sie einen Landtierarzt heiratet, dann muß sie sich den Verhältnissen in diesem Beruf auch anpassen, sonst geht das schief. Ich habe immer gedacht, daß wir nicht nur im Bett, sondern auch im tierärztlichen Alltag ein brauchbares Team abgeben würden. Werden wir auch noch, bestimmt!

Wie treffend sagte doch Mao:

«Der Sieg besteht aus einer Reihe von Niederlagen!»

Also gebe ich so wenig wie möglich Contra und lasse meine Süße in dem Glauben, daß sie mich schon ganz schön im Griff hat.

Bereits am nächsten Tag wird unsere Wohnung von einem Schulmädchen heimgesucht, das ich als Aushilfe einstelle, so daß wenigstens fürs erste etwas getan ist. Aber das kann ich Ihnen gleich verraten, angenehm ist das nicht, wenn man dauernd jemand um sich rum hat in seiner eigenen Wohnung. Man traut sich kaum mehr herzhaft zu rülpsen. Außerdem baut die Kleine da eine Menge Mist mit dem Telefonieren und dem Aufschreiben. Kann ja auch nicht anders sein, sie versteht ja noch viel zu wenig. Da schreibt sie neulich zum Beispiel auf den Block am Telefon: Bückling Maier eine Kuh untersuchen. Nun ist ja bekannterweise ein Bückling ein Fisch, ein geräucherter, und es dauert einige Zeit bis ich draufkomme, daß sie den Bidlingmaier meint. Oder sie telefoniert mir aufgeregt nach, ich solle sofort zum Hoh Karl kommen auf den unteren Berghof bei Schiefertal, weil man da einem Jungbullen einen Farrenring reinmachen müsse, wobei doch letzteres überhaupt nicht pressiert und man es genauso morgen oder erst in drei Tagen machen könnte. Entsprechend belehrt und vergattert, empfängt sie mich, wie ich am nächsten Tag um die Mittagszeit heimkomme, mit der frisch erlernten Weisheit «etwas reinmachen heißt, man hat Zeit».

«Gelernt ist eben gelernt», sagt sie, «innerhalb der nächsten drei Tage sollen Sie einen Vorfall reinmachen! Aber es war ein komischer Mann am Telefon. Ich habe ihn aufgeklärt, daß sowas gar nicht eilt und daß man das gut auch noch morgen erledigen kann, aber er hat scheint's schlechte Nerven, weil er so in den Hörer hineingebrüllt hat. Nur gut, daß Sie mir alles so gründlich erklärt hatten.»

Ich spurte los, aber wie ich hinkomme, ist, wie zu erwarten war, die Sache schon lange gelaufen. Ich ernte nur noch mißbilligendes, aber gerechtes Achselzucken.

Damit verliere ich, wie sich schnell herausstellt, einen guten Bauernhof. Erst im letzten Jahr habe ich den dem Wespenkönig Lutz in mühsamer Kleinarbeit ausgespannt.

Himmeldonnerwetter! Da hat man eine hochintelligente Frau zuhause, eine perfekte Chefsekretärin sogar! Und sie sitzt herum und hat nichts anderes zu tun als sich zu pflegen, derweil ein kleines Kinderhirn als lockeres Schräubchen im Getriebe mein mühsam flottgemachtes Berufsgefährt zum Schleudern bringt. Das ist doch ein Granatenblödsinn, das kann mich schon ärgern! Ist doch wahr!

Wissen Sie, meine Frau hält es so, daß sie gegen neun Uhr aufsteht, dann bis circa zehn Uhr im Bad verschwindet und danach manikürt und pedikürt und wohlduftend wieder auf der Bildfläche erscheint, um Kaffee zu trinken.

Ich selbst fahre ja immer schon früh um sieben, meist mit leerem Magen (wenn ich mir nicht ein Butterbrot streiche), solange man die Bauern noch in den Ställen antrifft. Sicher, ich habe mir das alles anders vorgestellt, habe an Gemeinsamkeiten gedacht, an Zusammenarbeiten, aber im Augenblick ist da noch nichts zu machen. Ich muß aber meiner jungen Frau immer noch zugutehalten, daß es ihr bestimmt nicht leichtfällt, sich umzustellen von ihrem Stadtleben auf die Rolle einer Tierarztfrau in einem Landflecken. Ich glaube, daß sowas Zeit braucht, und ich nehme mir deshalb vor, weiterhin geduldig und tolerant zu sein. Denn das Eine dürfen Sie nicht vergessen: Das Wichtigste, was es in einer Ehe gibt und was das stärkste Bindevermögen besitzt, das Reich des Sexus, diese täglichen Selbstbestätigungen, diese

Befriedigungen, diese Erfüllungen und diese tausendfältigen Himmel der Liebe, dieses ganze Wunderland ehelicher Freuden, das ist bei uns in Ordnung, ja mehr als das, es ist perfekt! Und deshalb halten Sie mich bitte nicht für einen Esel, wenn ich so nachgiebig bin!

Trotz der verpatzten Vorfallgeschichte ist diese Woche die Praxis sehr gut gelaufen. Dies freut mich nicht zuletzt deswegen sehr, weil ich bei dem Studium meines Kontoauszuges in letzter Zeit leichte Beklemmung verspürt habe, was ja nie das Wahre ist. Leider aber hat diese vermehrte Praxistätigkeit auf mein Turteltäubchen nicht die gleiche angenehm erfreuende Wirkung, denn eines Tages spricht es zu mir:

«Du hast scheint's nur noch deine Praxis im Kopf! Ich finde, du läßt erheblich nach. Weißt du eigentlich, daß wir normalerweise jetzt auf Hochzeitsreise sein müßten? Wir befinden uns nämlich mitten in den Flitterwochen! Aber statt auf Madeira oder auf den Bahamas mit einem feurigen Liebhaber durch die Betten zu springen, sitze ich hier in diesem Drecknest, und mein Herr Gatte zeigt bereits erste Anzeichen von Ermüdung und Desinteresse!»

Glauben Sie mir, ich muß mich furchtbar beherrschen, daß ich nicht aus der Haut fahre, und mein Helfer in solchen Situationen, der Marc Aurel, muß einspringen, damit ich klaren Kopf behalte. Wie sagt er doch in seinem siebten Buch, was soll ich machen? Gut soll ich sein, ganz egal, was auch passiert. Das ist leichter gesagt als getan. Aber recht hat er, und ich reiße mich deshalb zusammen und zwinge meinen aufsteigenden Groll in die Knie.

«Mag einer sagen oder tun was er will – ich für meine Person muß gut sein!» heißt das wörtlich, falls Sie sich das merken wollen. Und denken Sie nicht, das stamme von irgendeinem so komischen Heiligen, der von der Welt nichts versteht. Nein, das ist der Rat eines Mannes, der mit dem Schwert umging und dem zu seiner Zeit der größte Teil der damals bekannten Welt zu Füßen lag. Entschuldigung! Mir fällt da gerade ein, daß ich ja kein Pastor bin, was rede ich denn da! Ich hoffe, daß Sie mir mein Hausmittelchen nicht als Schleichwerbung anlasten. Denn schauen Sie, ich bin gezwungen, mich ganz auf solche Methoden zu verlegen, weil meine andere Stütze in der Not, das wohlige Völlegefühl im Magen, ja nicht mehr ansprechbar ist. Denn meine Frau mit ihrer Bombenfigur kann es nicht haben, wie sie sagt, daß sie neben einem solchen Dicksack da einhergeht, der einen Bauch vor sich herschleppt wie eine Wöchnerin. Man müsse auch zusammenpassen, und ich würde deshalb jetzt für einige Zeit auf Schmalkost gesetzt, damit ich wieder anständig aussehe.

Für Letzteres habe ich ja noch einigermaßen Verständnis, aber sagen Sie selbst, kann man von einem, der tagsüber schafft wie ein Ochse, verlangen, daß er Nacht für Nacht auch noch den Bullen spielt?

Immerhin haben wir jetzt endlich jemand am Telefon, auf den man sich verlassen kann. Vom Farrenwärter in Wasserheim seine Schwester ist's. Sie ist Witwe und hat keine Kinder, und sie bekommt vom Adlerwirt oben unterm Dach eine Zweizimmerwohnung. Natürlich muß ich da ganz tief in die Tasche greifen, denn diese Marie, die hätte natürlich auch in die Fabrik gehen können, wo man heutzutage ganz schön bezahlt wird. Aber Hauptsache, sie versteht alles, was da aus der Hörmuschel des Telefons kommt, und kann es richtig beurteilen. Auch stellt sich raus, daß sie ruhig und zudem pünktlich ist und – was noch von Bedeutung ist –, daß sie mit meiner Frau klarkommt.

«Guten Morgen, Frau Doktor! Wie wünscht Frau Doktor die Eier? Jawohl, Frau Doktor! Danke, Frau Doktor! Gute Nacht, Frau Doktor!» So kann man mit ihr auskommen! Wenigstens ein Lichtblick!

Doch wenn Mia ausnahmsweise selbst mal an den Apparat geht, weil sie etwa zum Beispiel annimmt, daß es ihre Freundin ist, mit der sie den neuen Film in der Kreisstadt ansehen will, dann setzt es meist Ärger.

Wie neulich, als uns der kuriose und offensichtlich leicht gesponnene Anruf von Frau Widmeier erreichte, deren Mann sich vor einigen Monaten in Schwipfingen als Zahnarzt niedergelassen hat. Denn die Kollegenfrau teilte mit, daß sie zwei Mäuse gefangen hätte und jetzt vor dem Problem stehe, ob es erlaubt sei, diese Tiere im Hausgarten zu beerdigen. Sterbekleider hätte sie für die Tierchen schon genäht. Da hätten Sie nun hören sollen, in welch passender und auf die Gefühlssphäre der Ratsuchenden abgestimmter Weise da meine Auserwählte reagierte. Schallend lachte sie in den Apparat hinein und riet der verdutzten Dame, doch keinen Zirkus zu veranstalten und die Dinger schnellstens in den Kuttereimer zu feuern.

Oder zum Beispiel noch folgendes Malheur, bei dem man ja auch nicht gerade lachende Gesichter erwarten konnte.

Da rief eine Schulkameradin Mias aus der Kreisstadt an und sprach:

«Du, Mia, schicke doch bitte mal deinen Mann bei uns vorbei, unser Hund ist krank!»

Aber aus diesem Besuch wurde nichts, denn die Frau Blümle, wie die Anruferin hieß, erfuhr ihr blaues Wunder.

«Marta», belehrte sie meine Holde, «wenn wir auch miteinander zur Schule gegangen sind, was ja, wie du weißt, schon weit zurückliegt, so bin ich für dich immer noch die Frau Doktor Pfeffer, das merke dir!»

Sowas belastet mich natürlich innerlich sehr, aber ich gebe trotz allem die Hoffnung nicht auf.

Leider sind auch meine alten, liebgewordenen Praxiskleider im Mülleimer verschwunden. Ich darf nur noch schicke Sachen tragen, und ich komme mir vor, wie ein Dressman auf einem Misthaufen. Aber was tut man nicht alles um des lieben Friedens willen.

So ist bei uns der Alltag. Reibereien und Deprimiertsein, aber immer wieder dazwischen die fast himmlischen Erlebnisse unserer Körper, das echte Glück zwischen Mann und Frau. Immer wieder kaschiert die Liebe das Negative, die

Liebe auf dem Küchentisch, die stehend im Treppenhaus, die auf dem Teppich vor dem Ofen. Wo ich sie erwische ... und immer macht sie mit. Das ist doch auch was wert, oder nicht! Was die Oberin Burga anbetrifft, so läßt sie uns ganz allein kutschieren, sie kommt nie. Das ist sicher gut so, und zudem glaube ich auch, daß die beiden Frauen sich nicht sehr gut leiden können. Ab und zu mache ich einen Besuch in der Birnengasse, aber ich sage Mia nichts davon, denn gleich beim ersten Mal hat sie sehr sauer reagiert:

«Du bist mit mir verheiratet und nicht mit der!»

Im diesjährigen Sommer kann man sich über Mangel an heißen Tagen nicht beklagen. In den Ställen ist es schwül, die Fliegen sitzen wieder zu Hunderten auf den Tieren, und das Hemd unter dem Arbeitsmantel ist oft naßgeschwitzt. In solchen Zeiten leidet man noch mehr als sonst unter den unausweichlichen Negativseiten des Milieus, in dem man zu arbeiten hat. In den Ställen ist man ja keine Minute sicher, ob man nicht Urin- oder Kotspritzer abbekommt, denn das Verteilen dieser Produkte in weitestem Umkreise ist die Lieblingsbeschäftigung unzähliger gelangweilt herabhängender Kuhschwänze. Besonders reizvoll ist der Effekt, der dabei erzielt wird, wenn dazu gehustet wird. Überraschender und schneller als die Kugel aus dem Colt kommt's da geflogen und zwar bei jedem Huster eine ganze Breitseite, nicht nur ein harmloses Bätzchen. Man darf sich auch in den Stallgassen auf kein ablenkendes Gespräch einlassen, denn allzuschnell muß man diesen Vorwitz damit büßen, daß es in der Hosentasche urplötzlich sehr warm und feucht wird und daß man, während man eilends wegspringt, bereits einen halben Liter aromatisch duftenden Rinderwassers in Hose und Gummistiefel hat.

So sind die «ständigen Begleiter» des Tierarztes beschaffen. Zum Schmutz kommen noch Blut und Eiter und andere Entzündungsprodukte, und jeder denkt: Wie eklig, pfui! Jedoch seit langem gibt es Wasser und Seife und Desinfektionsmittel. Außerdem sind da Probleme, Leidensprobleme von Tieren, und die lassen sich nun mal nur in Kontakt mit derlei Substanzen lösen. Sind von Ekel, die so helfen? In all dem Schmutz höre ich doch täglich in meinem Phonendoskop ihre Herzen schlagen, höre sie schreien vor Schmerz, sehe sie sich wälzen in ihrer Kolik und erlebe ihr stilles Sterben. Allerhand muß man in Kauf nehmen in diesem Berufe, nicht zuletzt die abschätzige, nasenrümpfende Art der «besseren Leute», die sich kopfschüttelnd darüber unterhalten, wie denn «soetwas» Doktor sein kann.

Leider gibt es dazuhin auch gewisse Tücken und Gefahren, die im Dunkel an den tierärztlichen Wegen lauern. Mit einer von ihnen mache ich in diesem heißen Sommer eine recht unangenehme und intensive Bekanntschaft.

Da ruft eines Morgens der Weigele Bernhard vom Albhof auf dem Grasberg an, seine Kuh fresse nicht und mit der Geburt ginge es auch nicht voran, denn das Wasser sei schon gestern gebrochen. Ich bin froh, daß der gleich morgens um sechs Uhr telefoniert, denn da ist's wirklich noch angenehm kühl und gut zu arbeiten. Aber daß das Wasser, das Fruchtwasser meint er, schon gestern abgegangen ist, verheißt nichts Gutes. Ein Kalb gehört heraus aus der Kuh, spätestens drei bis vier Stunden nachdem die Fruchtblase geplatzt ist. Wissen Sie's noch von früher? Fruchtblase, das ist der Hautsack, das Thermalbad, in dem das Kalb vor seiner Geburt schwimmt. Nun habe ich schon fast die Anhöhe des Grasberges erreicht, und ich freue mich an der herrlichen Natur und an der kühlen Stille des Morgens. Überall sehe ich auf den Wiesen die Bauern ihre Graswagen laden und heimwärts führen. Zum Futterholen gehen sie meist schon um vier Uhr früh, damit sie zum Melken wieder daheim sind in ihren Ställen. Davon und überhaupt von den ganzen Lebensbedingungen der fleißigen und hart arbeitenden Landbevölkerung haben die Städter recht wenig Ahnung. Denken Sie, was nur allein dies bedeutet, daß man sein Leben lang auch am Samstag und am Sonntag arbeiten muß, und daß man dazuhin niemals sagen kann: «So, jetzt ist es fünf Uhr abends, jetzt mache ich Feierabend.» Pfeifendeckel! Bauer und Bäuerin müssen nach einem strapaziösen Arbeitstag abends nochmals für drei Stunden in den Stall, müssen misten, müssen füttern, müssen melken und noch manch anderes dazu. Und das ein ganzes Leben lang und ohne einen einzigen Tag Urlaub im Jahr. Bauer zu sein, Bäuerin zu sein, das ist lebenslänglich harte Arbeit und Verzicht auf vieles, man kann ruhig sagen allzuvieles, was man heute die Errungenschaften unseres Daseins heißt.

Während dieser Gedanken bin ich aber jetzt auf dem Albhof angekommen und stehe im Stall. Ich sehe vor mir ein müdes Tier, einen verschwollenen Geburtsweg, aus dem ein Stückchen grünliche Eihaut hängt. Dazuhin bemerke ich einen ganz typischen Geruch, so halb süßlich, halb faulig. Da lasse ich ein Kilo Schweinefett bringen, leere eine Menge Valvanol in das warme Wasser im Eimer und präpariere meinen Arm zum Eingehen in den Geburtsweg. Der ist trocken und eng, und wie ich ans Kalb komme, knautscht es, und ich spüre wie überall Gase unter der Haut sind. «Ein Gaskalb, Herr Weigele, wenn Sie's nur schon gestern gesagt hätten. Da müssen wir viel Glück haben, wenn wir diesen aufgedunsenen Kadaver noch rauskriegen.»

Aber wir haben Glück, weil es nur ein ganz kleines Kalb ist, und bringen es unter Einsatz von 20 Litern künstlichem Fruchtwasser und einigen weiteren Kilo Fett schließlich mit Hängen und Würgen heraus. Es sieht aus, wie wenn man es mit einer Fahrradpumpe aufgepumpt hätte, und sowas nennt man Geburtsrauschbrand. Da ist zuerst das Kalb abgestorben, und in dem toten Körper haben sich dann gasbildende Bakterien angesiedelt, die ohne weiteres weitermarschieren können, zum Beispiel in den Geburtsweg der Mutter oder in die Haut eines Menschen, der da leichtfertig in dieser Gegend sich zu schaffen macht. In diesem Falle hatte die Kuh noch keine bemerklichen Veränderungen, und sie begann im Laufe des nächsten Tages wieder zu fressen. Und ich, ich wusch mich anschließend zwei, dreimal mit Desinfektionsmitteln, ließ meine ganzen stinkenden Kleider auf dem Hof zum Waschen und fuhr mit Hemd und Hose des Bauern nach Hause. Die Nachgeburt ging natürlich, wie es in einem solchen Falle zu erwarten ist, nicht alleine ab. Und daher mußte ich nun eine Woche lang jeden Tag mal rein in die wahrlich recht unappetitliche Angelegenheit. Zwar legt man bei jeder Behandlung Sulfonamidstäbe in den Tragsack, aber geruchfrei wird es erst nach ein bis zwei Wochen, wo das ganze Gelumpe dann voll mit einem Pflatsch rausgeht. So weit wäre ja nun alles gut und recht gewesen, wenn da nicht bereits einen Tag nach der Geburt an meinen beiden Ober- und Unterarmen kleine rote Pünktchen entstanden wären. Schon einen weiteren Tag später hatten sie alle einen größeren Hof um sich gezogen, und es juckte und biß mich, wie wenn ich meine Arme in einen Sack voller Flöhe halten würde. In den folgenden Tagen bildeten sich nun bei einem Teil der Dinger mittendrin Eiterherde, während die anderen weiterwuchsen und schmerzhafte harte Knupeln hervorbrachten. Facit: Das Gaskalb hatte mir zwar keinen Rauschbrand, dafür aber eine ausgedehnte Furunkulose eingetragen mit einigen Dutzend recht unangenehmen Pusteln.

Nun bildet man sich als Tierarzt natürlich ein, daß man mit solchen eigenen Wehchen selbst fertig wird und den Kollegen Humanmediziner nicht braucht. Denn große Unterschiede gibt's keine, ob ich da bei einem Hund eine Furunkulose behandle oder bei mir selbst. Aber diesmal, ich sag's Ihnen frei und offen, nützt alles nichts, was ich auch unternehme. Zwar heilen diejenigen Furunkel ab, die sich entleert haben, dafür kommen aber stets neue nach, und es ist eine schlimme Sache. Schlimm in erster Linie deshalb, weil sie eine kolossale psychische Belastung mit sich bringt.

Denn von dem Moment an, wo die ersten roten Pünktchen erscheinen, ist es aus mit Liebe, ist es aus mit Umarmungen, bricht die einzige echte Bindung, die ich mit meiner Frau habe, entzwei. Was glauben Sie, wie ich da tobe, wie ich vom Leder ziehe, wie ich bittle und bettle:

«Alles, nur das nicht!»

Aber aus ist's, ihr ekelt es vor mir! Nichts ist mit ihr mehr anzufangen. Selbst wenn ich ein Hemd trage mit langen Ärmeln, ich darf sie nicht berühren! Selbst wenn ich sie anflehe, «blase doch wenigstens», tut sie es nicht. Es ist zum Verzweifeln. Ich bin echt süchtig! Und sie bleibt hart. «Meinst du, ich will dieses Zeug auch am Leib haben?»

«In meiner Verzweiflung konsultiere ich alle beide Hautärzte in der Kreisstadt, aber auch sie können die Eruptionen nicht stoppen. Eine böse schwelende Krisenstimmung beginnt sich über mein Privatleben auszubreiten.

«Ich habe einen Akademiker geheiratet und keinen Abdecker!» tönt es in meinen Ohren, und langsam wird es frostig zwischen uns. Sogar nach Tübingen fahre ich in die Universitäts-Hautklinik. Aber es bleibt wie es war, es kommen immer neue. «Hättest du Gummihandschuhe getragen! Meinst du, mir macht das Spaß!»

Gummihandschuhe, daß ich nicht lache. Die müßten ja bis zur Achsel raufgehen. Habe mein Lebtag noch nie von solchen gehört. Trotzdem schreibe ich postwendend an alle einschlägigen Firmen. Aber was nützt das im Augenblick? Zuerst müssen die alten Infekte weg, müssen verschwinden, bevor ich gegen neue einen Schutz brauche.

Wenn ich in der Nacht in meinem Bett liege, sie einen Meter weg, dann steigt ungeheure Bitterkeit in mir auf und Wut. Wir leben nebeneinander her wie Fremde, zum Teufel, das ist doch keine Ehe mehr!

Ich komme mir vor wie ein Paria, ein Ausgestoßener. Wie kann sie nur so extrem reagieren und so lieblos!

Selbstverständlich masturbiere ich, daß die Fetzen fliegen, sonst hätte ich Mia schon dutzendemale vergewaltigt. Was glauben Sie, wie das ist, wenn so ein Steppenbrand der Hormone plötzlich gestoppt werden soll, das geht einfach nicht! Er rast weiter, da ist nichts zu machen!

Was meine Frau in dieser Beziehung treibt, bleibt mir verborgen. Sie ist oft viele Stunden abwesend, wird abgeholt von Freundinnen und vom Tennislehrer.

Und unsere gegenseitige Unzufriedenheit miteinander addiert sich auf zu beängstigenden Summen. Ich kann meine Frau einfach nicht verstehen.

«Selbst wenn ich nicht von dir angesteckt werden könnte, es ekelt mir vor dir!» bekomme ich zu hören.

Und an einem anderen Tage, an dem auch wie gewohnt die Vorwürfe hin- und herfliegen, droht sie: «Lange mache ich das nicht mehr mit, darüber mußt du dir im Klaren sein!»

An solchen Worten ersticke ich fast, und sowas wie Resignation greift Platz in meinem Denken. Sie fragt nichts nach mir, nichts nach unserer Ehe! Zack, hat sie den Hahn der Zuneigung umgelegt, weg bin ich vom Fenster.

Mich beutelt es ganz schön umher, denn langsam glaube ich den Realitäten auf den Grund zu kommen. Vielleicht war das von Anfang an egoistische Berechnung, vielleicht bin ich einer Luxuspuppe auf den Leim gekrochen, einer, die nur «Frau Doktor» werden wollte. Vielleicht hat sie mir eine Sexnarkose verpaßt, aus der ich eben erst erwache? Himmeldonnerwetter, bin ich denn ein so blöder Hund? Schlimm, schlimm! Im Grunde will ich solche Gedanken gar nicht wahrhaben, im Grunde, ganz im Innern, zieht es mich nach wie vor hin zu ihr, und ich würde ihr auf der Stelle alles vergeben und verzeihen, wenn wir wieder so sein könnten wie vor der blöden Furunkulose. Aber keine Aussicht besteht, im Gegenteil, unsere Beziehungen werden immer gespannter.

So kommt ein Donnerstag im September, ein schöner sonniger, genauso wie der, an dem ich meine Praxis anfing, damals vor sechs Jahren. Es ist 13 Uhr, und ich sitze gerade kurz nach dem Essen noch am Tisch und lese in der Tageszeitung. Unsere Marie hat heute ihren freien Nachmittag und ist bereits runter nach Wasserheim zu ihren Verwandten, und meine Frau scheint sich fürs Ausgehen zu präparieren, sie ist an ihrem Kleiderschrank. Da höre ich mit einem Male einen Knall auf der Straße unten, wie wenn zwei Autos zusammenstoßen. Ich springe ans Fenster und sehe wie vermutet an der Kreuzung unweit unseres Hauses zwei verunglückte und stark demolierte Personenwagen. Da mache ich meinen Hosenknopf zu – er spannt immer noch beim Sitzen –, und renne hinaus. Der eine Fahrer ist unverletzt und hilft gerade dem anderen, der benommen und blutüberströmt ist, aus dem Wagen. Von weiter oben in der Straße sehe ich schon den Dr. Moravetz kommen, das ist ein Humanmediziner, der auch unlängst in Schwipfingen angefangen hat, und er nimmt sich allsogleich des Verletzten an. Wie ich herzutrete, da sehe ich durch die geborstenen Scheiben auf dem Nebensitz des Fahrers einen blutenden Hund liegen, und wie ich den Wagenschlag öffne, erschrecke ich regelrecht, obwohl ich ja einiges gewöhnt bin. Dem ruhig daliegenden Tier hat es nämlich die halbe Bauchseite aufgeschnitten, und es schaut mich mit angstvollen Augen an. Aus der Wunde hängen die Darmschlingen heraus und hängen bis hinunter auf den Boden vor dem Sitz, und dazwischen erkenne ich auch noch die mit geburtsreifen Jungen gefüllte Gebärmutter. Wie eine große scharfe Glasscherbe, so schneidet mir dieses Bild ins Herz. In spontanem Entschluß streife ich mir mein frisches Hemd vom Körper, schiebe es unter die herabhängenden Eingeweide und hebe sie hoch. Vorsichtig fasse ich jetzt mit beiden Händen unter die Drahthaarhündin, hebe sie hoch, so, daß Wunde und Eingeweide oben sind, und trage sie langsam über die Straße meinem Hause zu. Sie verhält sich ganz still, gerade so wie wenn sie verstehen würde, daß ich ihr helfen will. Einmal leckt sie sogar mit ihrer warmen Zunge an meiner nackten Schulter. Blutbefleckt und schwer atmend bin ich jetzt an der Haustüre, muß mir mit dem Ellbogen öffnen, Mia ist nirgends zu sehen. Deshalb drücke ich mit dem Rücken für zehn Sekunden gegen die ganze

Glockentafel und gehe dann schnell treppabwärts in meinen Behandlungsraum, denn die Hündin ist schwerer als ich dachte. Unten lege ich sie sacht auf den Behandlungstisch und binde sie fürs erste am Halsband und an den Beinen fest, damit nicht etwa durch Herabspringen die herausquellenden Teile zerrissen werden.

Mein Alarmgeläute scheint nichts genutzt zu haben. Ich renne deswegen schnell die Treppen hoch, reiße die Türe zur Wohnung auf und rufe hinein: «Mia, komm bitte schnell runter in den Behandlungsraum, aber bitte gleich!»

Und schon bin ich wieder unten. Gottseidank, ich schnaufe auf, das brave Tier hat sich nicht gemuckst, es liegt noch genauso da! Nun spritze ich zuerst ein Betäubungsmittel in den Hinterfuß und beginne dann meine Instrumente herzurichten und meine Arzneimittel. Und jetzt höre ich endlich auch Schritte auf der Treppe und meine Frau kommt. «Mia», beginne ich meine Notlage zu erklären, «schau her, diese arme Hündin steht kurz vor der Geburt und bei dem Unfall da draußen hat es ihr den ganzen Bauch aufgeschnitten, und ihre ungeborenen Kinder hängen da mitsamt den Därmen zu ihrem Leib heraus. Die Narkose habe ich ihr schon gegeben, aber die große Operation, die jetzt nötig ist, die schaffe ich nicht alleine, da brauche ich dringendst Unterstützung. Bitte mache eine Ausnahme, bitte hilf mir!»

Fast flehentlich stehe ich da und meine Augen gehen zwischen ihr und dem waidwund daliegenden Tiere hin und her. «Du hast sie wohl nicht alle im Schrank?» kommt's da zurück, «siehst du nicht, daß ich angezogen bin zum Fortgehen? Um zwei Uhr bin ich zum Frisör angemeldet, tschüß!»

Und sie wendet sich ab und läßt mich stehen, und mein Patient liegt da mit seinem blutigen Bauche. Da brennen bei mir mit einem Schlage sämtliche Sicherungen durch, nicht einmal mein Marc Aurel kann da mehr einspringen.

«Mach daß du zum Teufel kommst!» brülle ich, «du hast doch kein Herz, du bist doch keine Frau, hau ab und laß dich hier nie wieder sehen! Große Dame spielen und mein Geld zum Fenster rauswerfen, das paßt dir. Aber ob ich krepiere vor Sehnsucht oder ob diese Hündin da verreckt, das ist dir vollkommen egal, du Miststück, du abscheuliches! Meine Geduld mit dir ist jetzt zuende! Verschwinde mir aus den Augen, du miserable Kreatur!»

Aller aufgestaute Ärger bricht aus mir hervor, und es ist für mich eine herrliche Wohltat, ihr all dies mitten ins Gesicht zu schreien. Sie ist stehengeblieben, hat sich zurückgedreht, scheint geschockt zu sein. Zuerst ist ihr Gesicht bleich, dann wird es rot, feuerrot, und dann legt sie los:

«Ja was glaubst denn du, du eitriger stinkender Quacksalber. Du hast gerade Grund, dich aufzuspielen! Zuerst die Ehe ruinieren und dann das Maul aufreißen und andere beschuldigen. Wie konnte ich nur auf so einen primitiven Halbbauern hereinfallen! Unter einem Akademiker habe ich mir etwas anderes vorgestellt. Aber jetzt reicht's mir, jetzt ist das Maß voll! Und das sage ich dir: Du wirst zahlen müssen, bis du schwarz wirst, darauf kannst du dich verlassen, du Heini, du unverschämter!»

Damit eilte sie die Treppe hinauf und verschwand. Was jetzt noch folgte, war ihr Auszug, der gottlob geschah, als ich vormittags unterwegs war, und weiter die Termine beim Rechtsanwalt und beim Gericht.

Nicht einmal ein halbes Jahr dauerte meine Ehe. Vergrämt schaue ich auf ihre Trümmer. Viele sagen jetzt, sie hätten das vorausgesehen, das hätte ja so ausgehen müssen. Anscheinend war ich der einzige, der das nicht bemerkt hat. Eines habe ich aber gelernt dabei. Wichtiger als eine sexbegeisterte Gespielin ist eine helfende Kameradin. Beides zusammen wäre natürlich das Ideale. Aber im Zweifelsfalle sage ich jetzt: Lieber Kameradschaft als Sex! Mit Sex allein, so habe ich gedacht, kann man alles machen, alles bestehen in einer Ehe. Aber nichts war's. Sie haben's ja gesehen. Wenn einer den anderen allein läßt, wenn er ihn braucht, dann pfeife ich doch auf den schönsten Beischlaf!

10. Kapitel

Randy

Dieser Frau trauere ich nicht nach, wütend bin ich auf sie, und auf mich selbst auch. Aber was nützt es? Hinterher ist man immer gescheiter.

Es ist ein Glück für mich, daß gerade jetzt im Bereich der Praxis sich etwas Umwälzendes abspielt, das mich mit neuen Impulsen erfüllt.

Sie wissen sicher, daß das Fleisch, das Sie beim Metzger kaufen, einer Kontrolle unterliegt, bevor es in den Laden kommt. Diese heißt man Fleischbeschau, und sie ist streng durch Gesetz geregelt und dem tierärztlichen Berufsstande übertragen. In früheren Zeiten, als es noch nicht genügend Tierärzte gab, wurden viele Laien ausgebildet für diese Tätigkeit. So war es auch vor langen Jahren in Schwipfingen geschehen.

Nun stirbt aber der Inhaber dieser Fleischbeschauerstelle Anfang November, und die genannte amtliche Tätigkeit inklusive gewisser polizeilicher Befugnisse geht jetzt auf mich über. Damit bin ich ein für allemal etabliert, habe feste regelmäßige Einnahmen und rücke auf zum Vollmitglied in der Tierärzteschaft. Erst jetzt, denken Sie, nach sechs Jahren, kann ich aufatmen, bin ich den Druck los, um meine Existenz bangen zu müssen. Mit einem Fixum von 600 DM monatlich brauche ich mir keine Sorgen mehr zu machen und bin endgültig über dem Berg.

Auch hat diese Schwipfinger Fleischbeschau zur Folge, daß mir die Oberwespe nicht mehr so viel ins Handwerk pfuschen kann, denn was jetzt von meinen Patienten geschlachtet werden muß, das kann ich von nun ab auch selbst fleischbeschaulich beurteilen. Außerdem müssen mich alle Landwirte zuziehen, wenn sie eine Hausschlachtung durchführen, auch die, welche sonst nur den Lutz im Stall haben oder den Habicht oder den Wahl. Selbst auf dem Rathaus bin ich jetzt wer, und die Bauernversammlung von damals ist vergessen.

Ha ha, nun kann ich lachen!

Ich gehe gleich runter in die Birnengasse zur B.B. und erzähle es ihr, und sie holt von ihrem alten Zwetschgenwasser rauf, und wir feiern das Ereignis.

Übrigens, das hätte ich fast vergessen zu erzählen: Vor sechs Wochen, als die Hündin mit dem aufgeschnittenen Bauch auf meinem Operationstisch lag, da bin ich in meiner Not ins Auto gesprungen, bin in die Birnengasse gefahren, habe der Oberin, die gerade am Bügeln war, zugerufen, zieh den Stecker raus, Mutter Burga, laß alles liegen und setz dich zu mir ins Auto! Im Rauslaufen zum Wagen habe ich ihr alles erklärt. Dann arbeiteten wir zwei Stunden zusammen und – es hat geklappt! Die Hündin ist davongekommen, und acht Tage später warf sie fünf lustige kleine Kinder, von denen ich eines bekomme, wenn sie acht Wochen alt sind.

Meine Daseinsberechtigung als Tierarzt ist also nun amtlich bestätigt, und ich glaube, damit ist der richtige Zeitpunkt für mich gekommen, eine Initiative zu ergreifen, um die Kollegen mal an einen Tisch zu bringen. Bisher war ich ja immer noch einer gewesen, von dem man hoffte, daß er wieder verschwinden würde, wenn der Druck anhielte und man ihm weiter gehörig zusetzte. Denn grundsätzlich ist die ganze Gegend noch gespickt voll von unangenehmen Aktivitäten, und die Tierärzte rennen sich selbst den unverschämtesten Tierbesitzern zuliebe die Absätze schief, von den Dumping-Preisen ganz zu schweigen.

So setze ich mich hin und schreibe an alle Kollegen in der Nachbarschaft einen Brief. Ich lade ein zu einem gemütlichen Colloquium im «Adler» in Schwipfingen. Dort könnte der Grundstein gelegt werden zu einer neuen Ära in den Beziehungen zwischen uns, zu einem besseren und erfreulicheren Zusammenleben als wir es bisher hatten. Ich schlage einen Abend im Januar vor und bin nun gespannt, ob überhaupt Antworten kommen und wenn ja, was für welche.

Im Monat November, der für mich immer die hohe Zeit der Routinearbeiten ist, die Zeit der revoltierenden Därme, kranken Euter, eiternden Tragsäcke und dahinsterbenden Kälber, eilt ein großer Schrecken in viele Dörfer und Einzelhöfe im Schwipfinger Ländle. Denn der Staatsanwalt ermittelt gegen den Pfuscher Rockl, der noch immer beim Keppelmaier in Wasserheim wohnt, und dessen Gewerbe floriert wie eh und je. Vieles hat sich seit der Geschichte damals beim Jörglesbauern in den Ställen ereignet und vieles in Schlafzimmern. Manches davon habe ich erfahren, das meiste aber blieb mir verborgen.

Der Erfolgreiche soll speziell in Fragen der Geburtenregelung sehr versiert sein, und die Bauernhöfe, das stimmt, haben jetzt zum Teil weniger, zum Teil gar keine Kinder mehr. Auch hier, sagen die Leute, soll der Rockl größtenteils in Naturalien kassieren, das heißt, für eine Abtreibung berechnet er einen Beischlaf plus eine gewisse Summe in bar, die dann von der Ehefrau des Rockl eingezogen wird.

Auf tiermedizinischem Gebiet sieht dagegen seine Praxis vergleichsweise harmlos aus. Da läßt er den Tieren Schnupftabak in die Nase streuen als Wehenmittel, da läßt er den Kühen einen Kupferpfennig eingeben oder einen Hering, wenn sie keine Brunst zeigen.

Jetzt aber kommt eine ganze Lawine ins Rollen. Wochenlang fahren die Bauern mit ihren Bäuerinnen in die Kreisstadt vors Amtsgericht und jeder, den es erwischt hatte, zeigt gleich wieder zwei neue an, nach dem guten alten Grundsatz, «wenn ich dranglauben muß, dann dürfen die anderen auch nicht ungeschoren davonkommen.»

So ist nun endlich dieses Geschwür aufgebrochen, das fünf Jahre lang dem sonst so gesunden und frohen Schwipfinger Ländle Schaden zugefügt hat. Der Pfuscher verschwindet hinter Gittern, der Spuk ist vorüber und meine Praxis ist ein Ärgernis los, eines von vielen.

Zwei Tage vor Heiligabend muß ich noch beim Metzger Nägele hinterm Rathaus eine Fleischbeschau durchführen. Wie ich nun außen an der Wurstküche vorbeigehe, höre ich drinnen einen Gesang, und zwar einen sonderbaren. Es klingt, wie wenn zwei Lieder nebeneinander her gesungen werden, und dabei noch eines mit einer hohen und das andere mit einer tiefen Stimme. Ich bleibe stehen, denn in einer Wurstküche habe ich überhaupt noch nie einen singen hören. Aha, der Sopran singt «Karle schmier dei Brust mit Loima», ein Tübinger Gogenlied, soviel ich weiß, und der Baß intoniert ebenfalls auf schwäbisch: «Lecke du, lecke du, lecke du die Katz am ...»

Komische Gesellschaft dadrinnen, denn wenn einer fertig ist, mit dem Lied, fängt er ohne Pause sofort wieder von vorne an. Da kommt der Nägele selbst vorbei, und ich spreche ihn an wie folgt:

«Ihr Personal ist aber gut aufgelegt! Und so musikalisch sind sie!» Da schmunzelt der Meister und antwortet:

«Ja, hoffentlich singen die! Die müssen nämlich gerade Wurstteig machen, Bratwurstbrät, und da fressen die Kerle laufend davon. Deshalb lasse ich sie singen, beide, den Lehrbuben und meinen Gesellen. Beim Singen können sie nicht essen und sowie einer pausiert, höre ich, was los ist und erwische den Burschen. Hat sich erstklassig bewährt, dieses Verfahren, und man muß selbst nicht immer dazu hinstehen und aufpassen, man kann anderes nebenher erledigen!»

Silvester verbringe ich zusammen mit meiner lieben Oberin drunten im Hause an der Birnengasse. B.B. hat eine Chaudeau-Sauce fabriziert, die unheimlich schmeckt, und wir sitzen beide auf dem Sofa und sprechen über Vergangenes und Zukünftiges. «Weißt du noch, Mutter Burga, wie ich bei dir eingezogen bin?» «O ja, Hansi, ich weiß alles noch wie heut. Du warst so verzweifelt, hattest dein Lenchen verloren, der Praxisstart war mißglückt, und das Augustiner fehlte dir so sehr. – Aber kleingekriegt hat dich deswegen das Schicksal nicht, du hast dich ganz gut gehalten. Und deine Junggesellenabenteuer, zu denen man ruhig auch diese Kurzehe rechnen kann, hast du ebenfalls hinter dich gebracht. – «Gottseidank!» setzte sie aufatmend hinzu.

«Für mich gibt es eben keine größere Freude», erkläre ich ihr, indem ich laufend von den Anisbrötchen futtere, «als Lebenslust und Sinnliches zu erproben, und dies möglichst weitab von bürgerlichen Verhaltensweisen.»

«Das ist sicherlich mit ein Grund dafür gewesen, daß du letzten Endes gescheitert bist, Hansi. Deine Neugier und die Überbetonung des Sexuellen hat dich viel Lehrgeld gekostet!»

«Meinst du? Mir ist mein Verhalten ganz normal vorgekommen. Und außerdem, es kann doch keiner aus seiner Haut, oder?»

«Auf alle Fälle mußt du dich aber nun erst recht umsehen. Du brauchst dringend wieder eine Frau!»

«Jetzt hör aber auf!» beschwere ich mich verdrossen. «Und fang nicht immer wieder von diesem Thema an, mir reicht's! Schenk mir lieber nochmals von diesem ausgezeichneten Gesöff nach!»

Während mir mein Wunsch erfüllt wird, fahre ich fort: «Mir geht etwas ganz anderes im Kopfe herum, und das beschäftigt mich im Augenblicke mehr als diese blöden Weiber!»

«Aber Hansi! Gesöff, Weiber! Wo sind wir denn?»

Grinsend quittiere ich diesen Ordnungsruf.

«Schau, B.B., bei mir dreht sich doch ausschließlich alles um Beruf, Liebe, Essen und Trinken. Was habe ich schon übrig für Höheres, für übergeordnete Dinge, wie es zum Beispiel die Religionen sind, die Kunst und die Wissenschaften. Außeralltägliches existiert ja praktisch überhaupt nicht für mich. Was ist es schon, wenn ich all halbes Jahr mal ein bißchen Marc Aurel lese. Ich bin regelrecht erschrocken, das kannst du mir glauben, wie mir dieser Zustand zum Bewußtsein kam. Primitiv bin ich, ausgesprochen primitiv!»

«Na na, jetzt schüttest du wieder das Kind mit dem Bade aus! Es ist ganz normal, daß man sich im Leben zuerst beruflich festigen und seinen persönlichen Umkreis ordnen will. Das ist immer die Voraussetzung für das Streben nach Höherem.»

«Das glaube ich nicht, Mutter Burga! Mit solchem Bemühen kann man jederzeit beginnen, und ich bin sicher, daß ich diesbezüglich eine ganze Menge nachzuholen haben werde.» So gehen die Worte und Ansichten zwischen uns hin und her, bis die Glocken der Schwipfinger Josefskirche das Jahr 1957 einläuten und ich schon einen Kleinen sitzen habe.

Bin gespannt, wohin mich die Wogen des Lebens noch tragen werden.

Gleich nach meiner Scheidung habe ich mich entschlossen, auch ferner in Strickers Wohnung zu bleiben und mit meiner Marie aus Wasserheim weiterzuhausen. B.B. ist damit einverstanden. Wenn Operationen sind, kommt sie natürlich rauf und hilft mir. Im übrigen genieße ich es jetzt erst mal richtig, samt meinen Praxiskleidern in der Wohnung rumzumarschieren und mich damit auch ohne jede Hemmung in den Sessel oder auf die Couch zu werfen. Auch die Schlankheitskur lasse ich schleifen, und die Marie muß jede Woche zwei- oder dreimal Spätzle machen, unser Nationalgericht, und dazu einen großen Schweinebraten mit Kartoffel- und grünem Salat.

Aber schon in der ersten Januarwoche wird mein Haushalt um ein weiteres Mitglied vergrößert. Es erscheint nämlich Randy, ein achtwöchiges Hundekind. Seinen vorübergehenden Aufenthalt außerhalb des Mutterleibes vor seiner Geburt hat es anscheinend gut überstanden, und es stellt sich nun als recht munteres Mädchen vor, um das sich bald alles bei uns dreht. Sein Schlafkörbchen steht neben meinem Bett und morgens, wenn meine nackten Beine auf der Bettvorlage landen, spüre ich gleich ein weiches Schnäuzlein da unten, und ein warmes Zünglein leckt zärtlich meine Haut. Wen wundert es, daß ich bei einem so lieben Morgengruß das kleine Pfützchen taktvoll übergehe, in dem ich mit dem einen Fuß stehe. Randy hätte ein rauhes Wort sicher bis in die Seele wehgetan! Zum Frühstück werden Haferflocken mit Milch und Hackfleisch serviert, was großen Anklang findet. Selbstverständlich fährt man auch gleich vom ersten Tage an mit auf Praxis. Man bezieht Quartier auf dem Beifahrersitz und beginnt allsogleich, wie sich das gehört, mit einer gründlichen Erforschung der Umgebung. Dazu ist vor allem die Überprüfung der Zerreißfestigkeit des Stoffsitzes und der Rücklehne notwendig. Auch ergeben sich schöne Gelegenheiten, wenn nämlich Herrchen gerade im Stalle ist, mit scharfen Zähnchen den Härtegrad des Steuerrades zu kontrollieren und vom Notizblocke eine Kauprobe zu entnehmen. In ihrem Wissensdurste ist die Kleine unersättlich.

Aber schon nach einer Woche hat sie sich einen Überblick verschafft und gibt sich von da an nur noch mit Dingen ab, die überdurchschnittlich reizvoll sind, wie zum Beispiel dem Zerkleinern meiner Bettdecke oder dem mit akustischen Effekten verbundenen Zerreissen von Maries Strümpfen. Na ja, ich bin auch mal jung gewesen und habe einiges angestellt. Und zudem, das kleine Wesen mit seinem kindlichen Augenaufschlag und seiner rührenden Anhänglichkeit ist mir bereits ans Herz gewachsen. Hat nicht sein Leben buchstäblich in meiner Hand gelegen, schon lange vor seiner Geburt, und bin ich nicht selbst in dieser lieblosen Phase meines Daseins bedürftig gerade eines solchen kleinen Tierkindes? Jedenfalls, Randy hat bei mir Generalpardon, auch wenn meine Wasserheimer Marie nicht immer ein ganz glückliches Gesicht dazu macht, was das betrifft.

Aber so ganz in Freude über mein Hündchen hätte ich fast

vergessen zu erwähnen, daß ich eine Zusage bekommen habe. Der Kollege Wannenmayer schreibt, daß er meinen Schritt begrüße und daß er kommen werde. Hurra! Wenigstens einer hat reagiert. Das ist schon ein großer Erfolg, denn ernstlich habe ich nicht einmal dies zu hoffen gewagt.

So setze ich mich mit allerhand Erwartungen an dem geplanten Abend ins Nebenzimmer vom «Adler» an einen Ecktisch, den ich habe reservieren lassen.

Aber es kommt niemand. Es wird halb neun, es wird neun und es kommt niemand. Allmählich werde ich stocksauer. Schon vier Augustiner habe ich benötigt zum Ausharren.

Da geht, kurz vor halb zehn, die Türe auf und ein großer Mensch mit schütteren blonden Haaren tritt herein und setzt sich zu mir an den Tisch.

«Wannenmayer», stellt er sich vor, «entschuldigen Sie, Herr Kollege, ich hatte noch eine Geburt!»

Dann stopft er sich eine Pfeife, was mir Gelegenheit gibt, seine groben, aber klaren Gesichtszüge zu studieren und seinen zerknitterten Anzug zu betrachten mit dem Reiterabzeichen am Revers. «Ja», meint er schließlich, «wo stecken denn die anderen, haben Sie nicht alle eingeladen?»

«Eingeladen schon, das heißt mit Ausnahme vom Regierungsveterinärrat, aber geantwortet hat außer Ihnen niemand.»

«Oh, Sie haben Herrn Lutz nicht eingeladen! Das war ein Fehler, denke ich.»

«Aber Herr Wannenmayer! Dieser macht uns doch allen Schwierigkeiten, wo er kann. Ich meine, zuerst sollten wir Praktiker uns mal einig sein. Wie sonst sollten wir uns gegen ihn wehren können!»

«Wissen sie, Herr Pfeffer, dieser Lutz ist gar nicht so übel, wie es ihnen vielleicht scheint. Einmal ist er unbestritten ein famoser Praktiker, und zum anderen hat er schon Ungeheures geleistet. Am Schluß des Krieges nämlich und noch in den ersten Nachkriegsjahren hat er die ganze tierärztliche

Versorgung im Kreise allein bewältigt. Was jetzt fünf Kollegen von morgens bis abends beschäftigt, hat er allein durchgestanden. Sie werden begreifen, daß dazu unermeßlich viel Arbeitskraft und Idealismus nötig waren, und diese hat der Kollege in bewundernswerter Art aufgebracht. Und er hat schon damals alles bestens organisiert und einwandfrei im Griff gehabt, sonst wäre er gar nicht durchgekommen. Angefangen von den Fleischbeschauern, denen er auf die Finger schauen mußte, bis hin zum Pferdeversicherungsverein, den er zum Nutzen der Bauern gründete.

Und dann so nach und nach kamen wir, die alten Veterinäroffiziere aus der Gefangenschaft und die jungen Studenten von den Hochschulen, die ihr Examen hatten. Wir kamen, sahen einen Kollegen mit einem Superpraxisgebiet, und begannen alsbald, ihm Stück für Stück davon zu entreißen. So war das! Und als Sie auftauchten, Herr Pfeffer, da war das Gebiet des Kollegen Lutz schon so zusammengeschrumpft, daß er mit allen Mitteln versuchte, wenigstens das noch zu halten. Das hätte jeder von uns genauso gemacht.»

«Hm, so habe ich die Sache noch gar nie gesehen. Kennen Sie ihn eigentlich näher?»

«Das nun gerade auch nicht, aber ich denke, man sollte auch dem Kollegen Veterinärrat Gerechtigkeit widerfahren lassen. Fehler machen wir alle, und die muß man auch einem Beamten zubilligen!»

«Hm, Herr Kollege, allen Respekt! Es freut mich, daß Sie eine so objektive Denkweise haben. Ich glaube, ich werde meine Einstellung gegenüber unserem Kreistierarzt neu überdenken müssen.»

«Damit, Herr Pfeffer, hätte unsere Zusammenkunft schon einen ersten Nutzen gebracht, prost!»

Wie wir noch eine weitere halbe Stunde sitzen und uns unterhalten, da kommen auch noch – ich traue meinen Augen nicht – die Kollegen Wahl und Habicht. Je, müssen die Arbeit haben, wenn sie erst um halb elf hier sein können.

Die reinsten Mitternachtspraktiker! Es hat ihnen, wie sie sagen, auch nicht mehr gereicht, heimzufahren und sich umzuziehen, und deshalb erscheint der Herr Wahl in einer uralten Reithose und einem duftenden Pullover, während Herr Habicht nur am Tische seinen weißen Mantel ablegt und dann bereits in Krawatte und Jackett vor uns sitzt. Wie mag der erst am Sonntag aussehen, muß ich denken, wenn das dem seine Stallkleider sind. Sogar eine goldene Armbanduhr blitzt unter seiner Manschette hervor. Donnerwetter, was bin ich da für ein Hinterwäldler dagegen.

Während dieser Betrachtungen haben die Herren bestellt, und nach dem ersten vorsichtigen Beschnuppern kommt schnell eine rege Diskussion zustande, in deren Verlauf ich selbst ein paar Gehörige einstecken muß. Es wird mir nämlich sehr deutlich klargemacht, daß in erster Linie ich, der Neuankömmling, für die bestehenden Schwierigkeiten verantwortlich bin.

Ich habe mich, wie sie sagen, zwischen sie alle hineingezwängt. Eine solche wilde Praxisgründung führe immer zu Auseinandersetzungen. Und dem Veterinärrat, dem habe ich mich ja direkt auf die Nasenspitze gesetzt, denn Schwipfingen sei dessen letzte sichere Bastion gewesen.

So sehe ich mich zum erstenmale als Eindringling, als einer, der sich auf Kosten anderer breitmachte. Hm!

«Liebe Kollegen», antworte ich, «ich glaube, daß euere Vorwürfe zurecht bestehen, aber wahrscheinlich seid ihr selbst auf ähnliche Art und Weise ...»

«Nein, Herr Pfeffer, eben nicht!» unterbricht mich gleich recht aggressiv der Kollege Habicht. «Ich zum Beispiel bin als erster nach dem Kriege hier eingetroffen und habe da zuallererst den Veterinärrat konsultiert, besprach mit ihm mein Vorhaben und bekam daraufhin von ihm drei Gemeinden offiziell zugewiesen. Das ist ein Unterschied, Kollege, den Sie sich merken sollten!» Da schaltet sich auch der Herr Wahl ein, der mit dem duftenden Pullover.

«Und in wieviel weiteren Gemeinden außer den drei

offiziellen machen Sie nun heute wirklich Praxis? Das sind bestimmt noch einmal zehn dazu, und die haben Sie nicht vom Veterinärrat bekommen. Sie sind ein ...»

«Meine Herrschaften», greife ich da schnell ein, «lassen Sie mich das recht persönlich werdende Streitgespräch bitte unterbrechen und Ihnen dafür einen Vorschlag machen. Wollen wir nicht unseren Blick nach vorne wenden und eben von dem ausgehen, was jetzt vorhanden ist. Könnten wir nicht die augenblickliche Situation verbessern? Bitte, lassen Sie mich dazu ein paar Worte sagen. In drei Punkten könnte man meiner Ansicht nach das Wichtigste zusammenfassen. Wir sollten uns darauf einigen, unsere Leistungen angemessen zu berechnen, wir sollten einen Sonntagsdienst einführen und drittens sollten wir eine gegenseitige Urlaubsvertretung erreichen können. Wenn wir dies vereinbaren könnten, so glaube ich, würde sich unser ständiger Kollisionskurs ganz von selbst abbauen. Denken Sie doch an Ihre Familien! Sonntage sonntäglich zu verbringen, das ist doch für einen Tierarzt Chinesisch. Was wir haben, das ist Einsatzbereitschaft rund um die Uhr, rund um das Jahr, und das sollten wir in unserem eigenen Interesse ändern!»

Wer sich gleich für eine solche Regelung aussprach, das war der Kollege Wannenmayer, der Pfeifenraucher. Der Herr mit dem riechenden Stallpullover druckste herum und zögerte, sich festzulegen, während unser eleganter Raubvogel sofort mit seinen Bedenken kam.

«Wenn ich eine Praxis betreibe, meine Herren», so argumentierte er, «dann habe ich mich auch dahinterzuklemmen! Das ist eine Selbstverständlichkeit. Bei mir kann sich jeder meiner Klienten voll darauf verlassen, daß er mich jederzeit, das heißt auch an Sonn- und Feiertagen erreichen kann. Wenn einer eine gute Praxis haben will, dann muß er sich eben auch entsprechend dafür einsetzen. Und Urlaub habe ich bisher keinen gehabt und brauche auch keinen!»

Pro und Contra also. Aber dann entstand doch plötzlich eine Einigkeit, als nämlich der Herr Wahl über den Veterinärrat loszog, der ihm in letzter Zeit zwei Kühe nach Süssen in die Tierkörperbeseitigungsanstalt geschickt habe, die man hätte einwandfrei aushauen können. Jeder wußte zu diesem Thema eine ganze Menge beizusteuern, und letzten Endes war man sich einig, eine Einheitsfront aufzubauen gegen amtliche Willkür, Kommißmanieren und Wegnahme von freiberuflicher Tätigkeit durch einen vollbesoldeten Diener des Staates.

So verhalf uns also der Kollege Lutz, wohl gänzlich gegen seinen Willen, zu Einigkeit und Harmonie, und als wir uns zu später Stunde trennten, war mein Programm akzeptiert und sollte ab sofort in die Tat umgesetzt werden.

Dieser Silberstreifen am Horizont fiel zeitlich zusammen mit gewissen Schwierigkeiten, die den Anfang meiner fleischbeschaulichen Tätigkeit kennzeichneten. Sie müssen nämlich wissen, daß dieser Schutz der menschlichen Gesundheit vor Krankheiten, die aus Schlachttierkörpern stammen, sehr genau und verbindlich vorgeschrieben ist. Was es nun mit solchen Bestimmungen und Vorschriften draußen auf dem Lande in der Nachkriegszeit auf sich hat, das erlebe ich jetzt mit ziemlichem Erstaunen.

«Sie nehmen's aber genau», meckert da zum Beispiel der Löwenwirt, wie ich bei ihm die Innereien von zwei Schweinen anschneide. «Warum schneiden Sie denn da so viel in meinem guten Fleisch herum, das kann ich doch so gar nicht mehr verkaufen!»

«Jeder einzelne Schnitt hat seinen Sinn, Herr Kurz, das ist schon in Ordnung!»

«Aber, Herr Doktor, das braucht's doch alles nicht! Unser Veigele, unser alter Fleischbeschauer, der hat doch auch nie solche Spirenzchen gemacht. Der hat sein Trichinengulasch mitgenommen, mehr wollte der nicht von uns. Und am Wochende hat er über den Zaun reingerufen, wieviel wir insgesamt geschlachtet haben, damit er seine Buchführung machen konnte. So war's ein Leben. Und passiert ist nie was, Sie können es mir glauben! Wir Metzger schauen schon selbst drauf, daß nichts Unrechtes in den Laden kommt!»

So und ähnlich gehen die Gespräche hin und her in den einzelnen Metzgereien. Alle probieren auf verschiedene Art, sich gegen die ihnen neue korrekte Durchführung der Aufsichtspflicht zur Wehr zu setzen.

«Neue Besen kehren gut!» hänselt auch der Meister Bacher, bei dem ich gerade ein Kalb abstempele. «Das Geschäft können sie sich sparen, die Stempelfarbe muß ich nachher nur wieder wegschneiden. Stempeln ist so unnötig wie ein Kropf! Im Krieg, wo soviel schwarzgeschlachtet wurde, da war das anders. Aber auch da haben sich die Metzger selbst geholfen. Wissen Sie mit was?»

Knitz schaut er mich an, greift dann nach oben in ein Regal und holt einen schwarzen Gewichtsstein herunter.

«Mit dem da! Mit dem gibt das einwandfreie Stempelabdrücke, hahaha, tausendfach erprobt! Gelt, da schauen Sie! Aber nichts für ungut, Herr Doktor, heutzutage hat man sowas ja nicht mehr nötig!»

Und wie ich nachher zu meinem Wagen gehe und mich hineinsetze, merke ich, daß auf dem Sitz eine Metzgerstüte liegt, und wie ich sie zuhause öffne, stellt sich raus, daß da zwei Schnitzel drinliegen und ein Stück Salami. Meine Umerziehung scheint also in vollem Gange zu sein.

Der Auinger Gustav, von dem seine Kunden behaupten, er rechne immer «acht mal fünf ist fünfzig», trägt auf seine Art ebenfalls zu meiner «Bekehrung» bei. Kurz vor Ostern schlachtet er da drei wunderschöne Schaflämmer, und wie ich sie beschaue, stelle ich fest, daß alle drei Lungenwürmer und kleine Leberegel haben. Hunderte und Tausende von diesen an und unter der Sichtbarkeitsgrenze sich befindenden Parasiten krabbeln da in den Organen. Selbstverständlich ordne ich an, daß die Lebern und Lungen nicht verkauft werden dürfen und daß sie sofort zu vernichten seien. Da ich aber dem Auinger Gustav überhaupt nicht im geringsten traue, nehme ich kurzerhand die beanstandeten Teile und werfe sie unter seinen großen Wasserkessel ins Feuer hinein.

Jetzt hätten Sie ihn sehen sollen. Er schrie auf mich ein, fuchtelte mir mit dem Messer vor der Nase rum, und ich hatte ganz den Eindruck, daß keiner auf meine körperliche Gesundheit jetzt viel wetten würde, so er zuschaute. Da ich mich äußerst ruhig verhielt, was ich sonst auch nicht immer von mir gewohnt bin, ebbte die Mordlust in den Augen des Auinger Metzgers etwas ab, und er ergriff statt des Messers eine große schwere Kette, an der man die Kühe anbindet, ließ sie in seinen Bärenpranken kreisen und trat wieder auf mich zu. Zeugen gab es keine. Ich überlegte gerade, ob ich das Spaltbeil nebenan nicht schnappen könnte, um auch eine Waffe zu besitzen, da öffnete sich die Türe, und der Lehrbub kam herein. Alsogleich hängte der Auinger seine Kette, so wie wenn nichts gewesen wäre, wieder an ihren Platz, gab dem Jungen Anweisungen und verschwand darnach stillschweigend durch den Eingang. Wenn das kein Lehrstück war! Einprägsam für alle Zeiten! So einer ist kuriert, der merkt sich das bis ans Lebensende! So dachte jedenfalls der Auinger, wie anzunehmen ist.

Aber auch seine gutgemeinte Lektion brachte nicht den gewünschten Erfolg. Denn ab sofort erschien ich beim freundlichen Kettenschwinger zur Fleischbeschau nur noch in Begleitung eines Polizisten, was jedesmal einen Schwall übler Beschimpfungen hervorrief, aber dennoch nicht verhindern konnte, daß auch weiterhin alle nicht einwandfreien Fleischteile vernichtet wurden.

So waren es recht gemischte Gefühle, die die Metzgerschaft mir zu Anfang entgegenbrachte, und es dauerte wohl ein ganzes Jahr, bis sie die neuen Zustände als unausweichlich akzeptierte und die Spannungen einem gewissen Verständnis wichen. Dem Auinger Gustav allerdings seine Metzgerei wurde geschlossen. Sie war in einem solch katastrophalen baulichen Zustand, daß der Kreisveterinär, und das rechne ich ihm hoch an, eine weitere Verarbeitung von Fleisch darin untersagte Dieser Umstand enthob mich künftiger Attacken, welche mit Sicherheit zu erwarten waren, da ich den Polizisten ja auch nicht ewig mitnehmen konnte.

Im April, und ich komme jetzt wieder auf «Randy» zu sprechen, ist mein Hundekind bereits ein halbes Jahr alt, und ich kann Ihnen berichten, daß es bereits über große körperliche Vorzüge verfügt, wenngleich sie etwas ungleichmäßig verteilt sind. So zum Beispiel sind die Beinchen flink und voller Sprungkraft, wohingegen es mit dem Sprechen noch nicht ganz klappen will. Dagegen sind die Zähnchen kraftvoll und spitz, und Nachweise über die Schärfe des Gebisses werden ohne Aufforderung vorzüglich durch Zerlegen einer unnützen neuen Hundehütte in kleine, leicht einsammelbare Holzstückchen sowie durch dauerhafte Gravuren in massiven Türgriffen geliefert. Mit dem Essen ist es neuerdings, wie bei allen Kindern, etwas schwierig. Nicht mehr alles wird nur noch wahllos hinuntergeschlungen, sondern man beginnt mit feiner Nase sein Futter zu sortieren, wie sich's gehört.

Auch erwacht anscheinend eine gewisse Jagdleidenschaft in dem kleinen Tierchen, unter der speziell Hühner in der Nachbarschaft zu leiden haben. Auch Katzenverfolgungen scheinen interessant und fordern sportlichen Ehrgeiz heraus, wie mir das vorkommt. Allmählich wird es wohl Zeit, daß ich mich um die Erziehung dieses kleinen Wildfangs kümmere. Übrigens, was die Praxis anbelangt, so gehen seit der Tierärzteversammlung merkwürdige Veränderungen vor im Ländle. Neulich kommt da einer an bei mir aus Schwipfingen, von dem ich genau weiß, daß er bisher immer den Wannenmayer gehabt hat, und sagt, ich solle ihm doch bitte seine kranke Kuh behandeln, sein Haustierarzt hätte keine Zeit und habe ihn an mich verwiesen. Was sagen Sie da? Hat es früher nie gegeben, sowas!

Ein anderer Landwirt, bei dem ich auch noch nie war, zieht mich zu und beschwert sich bei mir über den Kollegen

Wahl: «Der ist auf einmal viel teurer geworden, und wenn man ihn sonntags anruft, kommt er überhaupt nicht mehr! Was sind denn das für neue Sitten?»

Solches zu hören, ist wie Balsam für den Veith Pfeffer!

Da und dort also gibt es jetzt gute Anzeichen, und so entschließe ich mich, die Probe aufs Exempel zu machen: Im Juli werde ich für acht Tage nach Paris fahren, und in dieser Zeit soll mich der Kollege Habicht, der am nächsten wohnt, vertreten.

Zum ersten Male fahre ich also in Urlaub mit dem beruhigenden Gefühl, zuhause ist alles in Ordnung. Die Praxis wird einwandfrei versorgt, auf die Kollegen kann man sich verlassen, ich kann beruhigt gehen. Und wenn ich heimkomme, dann wird mir alles wieder übergeben, und ich kann weitermachen, wo und wie ich aufgehört habe. Ideal! Pfeifend vor Freude wie ein Junge packe ich den Koffer.

So leicht ich aber diesmal die Praxis verlasse, so schwer fällt mir der Abschied von meinem Hundekind. Nur gut, daß Randy es nicht mitkriegt, was da auf sie zukommt, wie ich da mit dem Koffer zur Türe rausschleiche.

Aber im Eisschrank, da stehen für sie drei volle Tüten vom Metzger, die ich höchst persönlich mitgebracht habe, und meine liebe B.B. hat außerdem versprochen, mit dem verwaisten Tierchen täglich einen Spaziergang zu machen.

Und, wie ich's immer halte, so fahre ich auch in diesem Urlaub einfach drauflos. Nur eine Rückfahrkarte löse ich, alles andere wird sich an Ort und Stelle ergeben. Meine Erwartungen sind groß, aber das Fluidum der Stadt an der Seine übertrifft alle meine Vorstellungen. Wie ich am Gare du Nord auf die Straße hinaustrete, umfängt mich sogleich eine zauberhafte Atmosphäre, und mein Herz ergibt sich ihr vom ersten Augenblick an und tanzt und hüpft unter meinem Hemde. Beschwingt suche ich mir meinen Weg durch die Menschen. Gleich am Bahnhof habe ich einen Stadtplan erstanden, und so steuere ich schnurgerade meinem Ziele zu. Dreimal dürfen sie raten, wo das liegt! Wo werde ich Quartier beziehen? Ein kleines Schild «Hôtel» in einem schmalen Gäßchen, dreihundert Meter von der «Sacré Coeur», direkt am Montmartre, dort steige ich ab! Hier, in der Welt der Künstler, der Mädchen und des Amusements, hier beziehe ich mein Standquartier. Haben also doch die recht, die in mir den frivolen Typ sehen. «Und sowas will Respektsperson sein, sowas ein Mann der Öffentlichkeit, ein Tierarzt!»

Aber wissen Sie, bieder, danach habe ich überhaupt keine Sehnsucht! Alltagsleben, das sieht doch überall gleich aus. Mich zieht es immer ein wenig zu den Seitenstraßen des Lebens. Vielleicht der Geheimnisse wegen, die dort auf einen warten, vielleicht blickt mir ein bißchen Abenteuer über die Schulter, wer weiß! Und letztlich, sexuell verzagt war ich ja nie.

So frühstücke ich im bekanntesten Stadtviertel meine Croissants, widme mich Schnecken und Langusten, erliege den unermeßlichen Hors d'oeuvres und speise die herrlichen Pasteten zum samtroten Beaune. Leute, ich sage euch, allein schon vom Essen her ist diese Reise ein Erfolg.

Mit der Metro besuche ich den Flohmarkt draußen in Clignantcourt, trete in das Halbdunkel der Notre-Dame, sehe den Fliegenden Holländer in der Opéra, und den Dôme des Invalides. Ich sitze auf dem Gehsteig an einem Tischchen des Café de la Paix, ich bummle an der Seine entlang und schaue den Clochards zu. Valse musette in einem Bistro, Laufsteg der schönen Frauen auf den Champs-Elysées und über allem das wundervolle Fluidum dieser Stadt, dieses Leichte, Kapriziöse, dieses in seiner Eigenart so überaus Feine und Liebenswerte!

Aber natürlich, dies alles sind die Dinge des Tages. In den Nächten regiert in Paris die Liebe. «Chercher la femme» nennen die Franzosen dies liebste Tun der Männer. Der Mond blickt auf Straßen und Gäßchen, und lächelnd sieht er mir zu. Er weiß, wie ein Fremder wie ich die Zeit bis zum

Morgen verbringt. Er sieht mich laufen von einem zweifelhaften Etablissement zum anderen, sieht mich an Ecken stehen und in dunkle Spelunken treten. Den Folies-Bergère gehört ein Teil der Nacht und dem Tabarin und dem Chat noir. Glimmende Zigaretten in der Dunkelheit in einsamen Gegenden und Pärchen umschlungen an den Hauswänden und lockende Stimmen.

Wenn ich in der Frühe mein Zimmer betrete, steht auf einem Tablett schon der schwarze dampfende Kaffee auf meinem Tischchen, und mein unberührtes Bett grinst zu mir her, wie wenn es sagen wollte: «Ich kenne mich aus, du brauchst mir gar nichts zu erzählen!»

Eines Abends habe ich droben am Place du Tertre famos gespeist im Cadet de Gascogne und bummle nun zwischen flanierenden Menschen dahin und lasse mich treiben. An einer Ecke spricht mich ein Mädchen an. Sie hat eine liebe Stimme und eine nette Art, und ich gehe mit ihr. Ein paar Häuser weiter steigen wir eine steile Treppe hinauf zu einem verträumten Zimmerchen. Es könnte einen Künstler beherbergen. Zum einzigen Fenster hinaus sieht man über die Dächer von Paris und auf die vielen tausend Lichter der Stadt. Bezaubert stehe ich und blicke hinaus. Ninette schmiegt sich an mich, und ich lege meinen Arm um sie. Wie elektrisiert zucke ich zurück, denn meine Finger spüren Seide und gleichzeitig die Haare auf meiner Brust ein Händchen, das nach unten ging. In diesen Sekunden ist es mir, als ob alle Lichter da unten in der Stadt verlöschten. Das Zelt an meiner Hose fällt zusammen, die Erregung verläßt mich, ich trete zurück. Ninette schaut mich mit ihren großen Kinderaugen fragend an. Ich lasse den Kopf hängen, wie soll ich ihr auch mein Schockerlebnis erklären, mein Schulfranzösisch ist viel zu mager. Ich greife in die Tasche und hole einen größeren Schein heraus.

«Excusez-moi, souvenir, excusez-moi!»

Wie ein begossener Pudel schleiche ich die Treppe hinab. Mias Schatten ist mir nach Paris gefolgt! Zum ersten Mal habe ich bei einer Frau versagt. Es trifft mich hart. Plötzlich stehe ich vor dem Untergange meiner selbst. Augenblicklich meiden mich alle Einflüsterungen der Erotik. Es ist als ob der Mann Pfeffer den Bankrott erklärt hätte. Es ist scheußlich. Lachen Sie mich ruhig aus! Es steht Ihnen zu. Aber beten Sie, daß sowas nicht an Sie kommt, ich wünsche es keinem!

Mein Koffer ist schnell gepackt, mein unbenütztes Bett schnell verlassen. Den Gare du Nord finde ich ohne Karte. Ich fliehe aus Paris, fliehe Lebenslust und Freude.

Im Abteil verkrieche ich mich hinter einer Zeitung.

Es gibt natürlich eine Menge erstaunter Gesichter, wie ich da zwei Tage früher als geplant in Schwipfingen eintrudle. Um eine Ausrede bin ich nicht verlegen, ich hatte ja genügend Zeit zum Überlegen.

«Das Geld ist mir ausgegangen, ein teures Pflaster ist das!» Randys Wiedersehensfreude ist im wahrsten Sinne des Wortes umwerfend. Als Reisepräsent habe ich ihr ein ganzes Hähnchen mitgebracht. Marie bekommt einen Schal und B.B. eine Flasche herrlichen Pariser Parfums.

In meinem Inneren bohrt die Negativerfahrung vom Montmartre weiter. Mein Selbstbewußtsein ist verletzt, ich ziehe mich zurück in mein Gehäuse wie eine Schnecke. Randy wird dadurch noch mehr als sie es ohnehin schon ist zu meinem wichtigsten Bezugspunkt.

Trotzdem ich diesmal nirgends mein Reiseziel erwähnt habe, wissen die Bauern, wo ich war, und ich höre deshalb manche anzügliche Bemerkung. Einer sagt mir sogar mit Hilfe eines Witzes, was er mir direkt nicht zu sagen wagt. Es ist der Kübler vom Wannhof, der sowieso immer einen auf Lager hat.

«Herr Doktor», meint er schmunzelnd, «kennen Sie den von den zwei Freunden, die sich auf der Straße treffen? Da erzählt der eine begeistert: ‹Mensch, Karl, denk dir, ich war in Paris!› ‹Du Schwein!› kontert der andere. ‹Ja, nicht wie du meinst, mein Lieber! Ich war mit meiner Frau!› ‹Du dummes Schwein!› traf da der Karl zum zweitenmal den Nagel auf den Kopf.» Jetzt muß ich tatsächlich noch lachen, obwohl mir dieses Thema nicht im geringsten mehr Spaß macht.

Mit wohlwollenden Augen betrachte ich dagegen meine Praxis. Alles ist beim alten! Wenigstens hier hat die Reise ein gutes Resultat gezeitigt. Jedoch der Schein trügt. Denn langsam sickert einiges durch, was nicht gerade als angenehm empfunden wird in meinen Ohren.

Beim Reinlesbauern am Ortsrande von Schwipfingen soll der Kollege geäußert haben, die Fohlenimpfung mit Mutterblut, wie ich sie ausübe, sei schon lange überholt, da gebe es Besseres. Verflixt, und sollte es wirklich Besseres geben, so informiere ich doch darüber zuerst den Kollegen und stelle mich nicht hin vor den Bauern und mache den, welchen ich vertrete, madig. Das ist schon ein recht schlechter Stil, muß ich sagen.

Und beim Stricker im «Adler» hat er eine Riesenbüchse mit Eutersalbe dagelassen für ein einziges krankes Viertel, wo man doch in diesem Falle mit einer Hundertgrammdose ausgekommen wäre. Da braucht der Stricker in den nächsten zehn Jahren bei mir keine mehr nehmen. So eine Geschäftemacherei! Auch hat er mir einen guten Hof abgeschweißt. Den Fischer von Enderlingen. Dort hat er, wie ich vom Fischer selbst erfahre, fürs Ferkelkastrieren, zwei Trächtigkeitskontrollen und noch das Öffnen eines Abszesses dazu ganze zehn Mark verrechnet. Ja, wo gibt's denn sowas! Arbeiten im Kollegenstall zum halben Preis! Eine saubere Vertretung ist das. Der Fischer will natürlich jetzt von mir nichts mehr wissen. «Sie mit ihren Saupreisen! Jetzt weiß ich, was tatsächlich ein Tierarzt kostet!»

Wie ich hinter all diese Dinge komme, habe ich eine echte Wut. Ich beschließe, dem Kollegen umgehend einen Besuch abzustatten und ihm diese Mängel vorzuhalten. Die «Höhle des Löwen» aufzusuchen ist eine heikle Angelegenheit, aber es muß sein!

Ich trete durch ein Tor, an dem ein poliertes Messingschild angebracht ist, und durchquere einen parkähnlich angelegten Garten. Ein Dienstmädchen mit umgebundener Servierschürze öffnet – stinkfeine Manieren, wie mir scheint. Der muß ja einen Riesenumsatz haben, wenn der bei solchen Minipreisen sich solch einen Aufwand leisten kann! Ein Rauchsalon, dicker Teppich, Lederclubsessel – ich warte eine volle Stunde, dann kommt der Herr nach Hause.

«Ist das der Dank, Herr Pfeffer? Ich ermögliche ihnen einen Urlaub, und da kommen sie wegen ein paar Lappalien angesprungen und beschweren sich. Wissen sie was, suchen sie sich nächstes Mal gefälligst jemand anderen aus, ich verzichte dankend. Sie können doch mir keine Vorschriften erteilen, wie ich meine Praxis zu betreiben habe!» Überlegen und frostig wird das «Auchtierärztlein» verabschiedet.

Da sieht's ja schön aus! Es wird doch nicht die ganze Chose wieder in die Binsen gehen! Am gleichen Tage noch rufe ich die Kollegen Wahl und Wannenmayer an. Sie sind entrüstet und sind mit mir einer Meinung, daß wir es eben jetzt zu dritt versuchen müßten. Der Wannenmayer allerdings will den Habicht nochmals vorher ins Gebet nehmen, ob nicht doch noch was mit ihm anzufangen ist. Ich selbst muß viel nachdenken über Kollegiales und über Menschliches, und ich komme zu dem Schluß, daß jeder sich selbst seine Zensuren erteilt, jeder arbeitet doch selbst bewußt oder unbewußt an dem Maßstab, mit dem seine eigene menschliche Qualität gemessen wird.

Schon am nächsten Samstag sitzen wir wieder im «Adler», und diesmal machen wir Nägel mit Köpfen, denn Kollege Wannenmayer hat in Weilingen sich ebenfalls eine Abfuhr geholt. Wir lassen jetzt unseren Sonntagsdienst schon samstags um zwölf Uhr beginnen, damit man auch mal übers Wochenende wegfahren kann. Und einmal in jedem Monat werden wir uns hier treffen, wo wir dann ganz privatim unsere Probleme bereden können, was sicher zur Folge haben wird, daß wir uns mit der Zeit auch persönlich näherkommen werden.

11. Kapitel

Lieblose Zeiten

Nägel mit Köpfen wurden auch bezüglich der Trichomonadenseuche gemacht. Hier kam eines Tages ein ganz außergewöhnliches Mittel zum Einsatz, das binnen kurzem zur fast völligen Ausrottung dieser verlustreichen Krankheit führte.

Dieses Mittel bezeichnet man mit dem Begriff «Künstliche Besamung». Bereits seit Jahren arbeitete man in Stuttgart-Birkach in einer sogenannten Besamungsstation daran, das ganze Land mit Sperma nichtverseuchter Bullen zu versorgen. Denn, wie Sie wissen, bei den Rindern ist es mit der Prostitution gerade umgekehrt: die Gigolos beherrschen die Szene. Wenn man also denen den Spaß an der Freud nehmen kann, man also quasi sie aus dem Verkehr zieht, dann muß dies zwangsläufig sehr schnell zu einer Gesundung von Deutschlands Rinderbeständen führen. Soweit ist alles klar. Die Sache aber technisch einwandfrei funktionieren zu lassen, bereitete am Anfang doch etliche Schwierigkeiten.

Ich will Ihnen kurz schildern, wie sowas von statten geht. Man nimmt eine Kuh, die in Brunst ist, und führt ihr einen Bullen zu. Dieser bespringt die Kuh, bevor er sie aber erwischt, wird ihm eine künstliche Scheide vorgehalten, in die hinein er dann absamt. Das so gewonnene Sperma kommt nun sofort ins Labor, wird geprüft, ob es gesund ist, wird verdünnt, damit man nicht nur eine, sondern viele Kühe damit befruchten kann, bekommt einen Zusatz zur Verhinderung von Besiedlung mit Krankheitsstoffen und wird gekühlt. Der Versand erfolgt abgefüllt in kleine Gläschen in Thermosflaschen per Expreß. Der Tierarzt holt sein Samenkistchen an der Bahn ab, zieht im Stall in ein dünnes langes Glasröhrchen die nötige Menge Samenflüssigkeit auf, führt das Röhrchen durch den Muttermund des zu besamenden Tieres ein und bläst dann den Samen in den Tragsack des Tieres.

Auf einer Besamungsstation, von der täglich in alle Himmelsrichtungen die Lieferungen gehen, stehen natürlich Dutzende von Bullen, und man benützt zum Bespringen auch nicht eine brünstige Kuh, sondern der Einfachheit halber ein Phantom, ein Metallstangengestell, das man mit Leder überzogen hat. Erstaunlich, wie diese Naturburschen sich mit soetwas zufrieden geben. Aber sie tun es, ohne allzugroße Sensibilität laufen sie auf Hochtouren.

Auf diese Art also wird die ganze Sache abgewickelt, und was mich betrifft in meinem Schwipfingen, so bin ich seit einiger Zeit schon ganz aktiv auf diesem neuen Sektor des tierärztlichen Tätigkeitsfeldes und habe bereits allerhand dabei erlebt. Da ruft zum Beispiel neulich des Köhler von Hochdorf Töchterchen an und will eine Kuh ihres Vaters zur künstlichen Besamung anmelden mit den Worten: «Der Herr Doktor soll bitte bei der ‹Soraya› eine günstige Besamung machen!»

Oder, ich komme hin zum Farrenwärter von Wasserheim, und wiederum wie damals bei dem Vorfall ist nur die Oma zu Hause. Mit der K.B., wie wir abkürzen, hat die Oma noch nie Kontakt gehabt und deshalb ist ihr die Geschichte äußerst peinlich, wie ich merke.

«Da drüben habe ich ein Schemele für Sie hingestellt», sagt sie verschämt, «die ‹Frida› ist doch so groß! Und dort an der Wand ist ein Nagel, wo Sie Ihre Hose hinhängen können. Ich will aber nicht dabeisein!»

Schnell wischt sie zur Stalltüre hinaus und läßt mich, schallend lachend, allein im chambre separée. Ein dreiviertel Jahr später bin ich gerade auch wieder im selbigen Stall, und die Oma zeigt auf ein Neugeborenes: «Schauen sie nur das Farrenkälble dort an, Herr Doktor, das sieht doch rausgeschnitten Ihnen gleich, hab ich nicht recht?»

Bei der Müllers Klara ist's mir einmal passiert, daß ich hinkomme zum Besamen, und kein Mensch ist weit und breit. Alles Rufen nützt nichts, es ist echt niemand da. Wie ich aber durch den Stall gehe, sehe ich etwas. Eine Kuh trägt am Schwanze ein rosarotes Schleifchen! Auf was sie doch nicht alles kommen! Sicher ist das die, welche besamt werden muß, das kann ich mir leicht zusammenreimen. Poesie im Kuhstall, wer würde sowas für möglich halten!

Nicht immer aber ist es zum Lachen, wenn man so als «Rucksackhummel», wie spaßhaft manche so einen besamenden Tierarzt nennen, in Aktion ist.

Da bin ich zum Beispiel gerade mit dem linken Arm im Darm der Kuh, um den Muttermund zu fixieren, und mit der rechten Hand schiebe ich vorsichtig das Glasröhrchen durch die Scheide, da kommt so ein verrücktes Luder von Hofhund in den Stall gesprungen und beißt mich zack zack in den Hintern. «Mahlzeit!»

Beim Wiesenbauern, dem Nachbarn der Oberin, hat mich sogar eine Kalbel mal das Fliegen gelehrt. Steige ich da mit meiner Pipette in den Laufstall hinein und stehe im Halbdunkel oben auf einer meterhohen Miststreu zehn großen Kalbeln gegenüber, von denen eine sofort zum Angriff auf mich übergeht. Nun habe ich da natürlich keinerlei Angst, denn das ist schon häufig vorgekommen, und jedesmal habe ich gewonnen. Ich breite da nur geschwind meine Arme aus, gehe meinerseits ebenfalls vor und stoße dazu ein fürchterliches Gebrüll aus. In diesem Falle aber läßt sich das große dunkelrote Tier nicht erschrecken, im Gegenteil, mit gesenktem Haupt rennt es mir seinen Schädel in den Bauch, hebt mich hoch, und rückwärts falle ich über die Stangen, die den Laufstall eingrenzen, eineinhalb Meter hinab auf den Boden der Scheuer. Da liege ich Held, und da liegt der Samen, mit dem ich Gutes tun wollte.

Aber wissen Sie, sowas sind natürlich Ausnahmefälle. Meistens spielt sich alles etwas friedlicher ab. Manche Kühe drehen sogar den Kopf nach einem rum und ... lächeln!

Und des Wendelin Kirner vierjähriges Töchterlein faßte mein Tierleben zeugendes Tun in sechs nette schwäbische Worte zusammen: «Kälble machen, Schnäpsle trinken, Geld einschieben!»

Nach wie vor gerne gehe ich zu den kaum mehr wegzudenkenden Kollegenabenden in den «Adler». Es tut so gut, mit Menschen zu reden, die den gleichen Fährnissen ausgesetzt sind, die das gleiche Risiko tragen. Denn das wissen Sie vielleicht noch nicht, wir praktischen Tierärzte sind in der gleichen Versicherungsgruppe wie die Artisten, wie die Seiltänzer! Außerdem ist ja jeder, der draußen eine Landpraxis betreibt, ein Einzelkämpfer, einer, der ganz allein auf sich gestellt Tag für Tag Entscheidungen über Leben und Tod zu fällen hat und der als Alleinverantwortlicher für die Tierwelt eines ganzen Landstriches in aller Stille, weitab von der stimulierenden Anerkennung der Öffentlichkeit, unentwegt als Helfer sich einsetzt. Als einsamer Mann kniet er sich in seine Arbeit. Kein Team steht ihm zur Seite, keiner nimmt ihm auch nur ein Problem, auch nur eine Sorge von der Schulter. Der Tierarzt ist immer ein echter Einzelgänger gewesen, und dies ist heute noch genauso. Stündlich neu tauchen schnell wechselnde Situationen vor ihm auf, die nicht nur rasche Entschlüsse und aktives Eingreifen erfordern, sondern oft genug auch den restlosen Einsatz der ganzen zur Verfügung stehenden physischen und psychischen Kraft.

So ist es jedesmal ein Treffen von Waldläufern, von einsamen Trappern und Westmännern im «Adler». Am Lagerfeuer erzählen sie sich von den Abenteuern der letzten Wochen, sie genießen ein paar kurze Stunden mit ihresgleichen, und zufrieden kehren sie danach zurück in die Berge und Täler ihres Reviers zu ihren Tieren und ihrer Arbeit.

Heute abend nun erhitzen wir uns mal wieder an unserem Thema Nummer eins: «Hie Praktiker, hie Allmächtiger». Wobei klar ist, daß wir mit «Allmächtiger» nur unseren Regierungsveterinärrat meinen können.

Selbst unser Wannenmayer haut mit in die Kerbe, denn er hat neulich ein Schreiben bekommen, in dem beanstandet wird, daß einer der Metzger, bei denen er die Fleischbeschau ausübt, einen Rinderkopf im Kühlraum hängen hatte, bei dem die Augen noch nicht entfernt waren.

«Kruzitürken», legt er los, «sicher steht im Gesetz, daß die Augen zur Fleischbeschau entfernt sein müssen, aber schließlich entgeht doch jedem einmal was. Und dann gleich wegen einer solchen Lappalie einem ein amtliches Schriftstück ins Haus schicken, das finde ich äußerst schlecht. Schließlich habe ich auch noch niemals einen gesehen, der Augen gegessen hat, und außerdem sind sie weder giftig noch machen sie sonstwie Ärger. Das ist doch reine Schikane, reiner Bürokratismus! Der behandelt uns ja wie Schulerbuben!»

«Das ist noch gar nichts!», fällt da unser Schweinespezialist Wahl ein, «bei mir hat er in allen Ortschaften den Bürgermeisterämtern aufgetragen, sie sollten den Gemeindediener oder den Fleischbeschauer mit einer Liste durch den Ort schicken und alle Leute erfassen, die ihre Schweine gegen Rotlauf impfen lassen wollen. Nachdem das geschehen war, ist er selbst durch meine Ställe marschiert und hat alles geimpft und kassiert. Das ist doch eine Granatenschweinerei! Erstens schiebt er sein volles Gehalt ein als Beamter, dann spannt er unter Ausnützung seiner staatlichen Stellung die Gemeinden und die ihm unterstellten Fleischbeschauer für seine privaten finanziellen Interessen ein! Wo gibt's denn sowas! Schweine impfen gegen Rotlauf, das ist eine rein freiberufliche Tätigkeit, die uns Praktikern zusteht und die wir uns nicht auf eine solch krumme Tour abknöpfen lassen brauchen! So einem gehört ein Denkzettel verpaßt, wir sind doch keine Hanswurste!»

Auch ich heize die Debatte noch weiter an, indem ich von der Tb-Geschichte anfange. Meine Ansicht ist, daß wir praktischen Tierärzte, die wir recht waren, die Kastanien aus dem Feuer zu holen bei der Tilgung der Tuberkulose, nun bei den erforderlichen Wiederholungstuberkulinisierungen glatt ins Abseits manövriert werden. Auch hier schöpfen die Beamten der Regierung wieder den Rahm ab, und die Praktiker sind die Dummen.

Selbst der dem Thema ferne Betrachter kann sehen, daß es bei uns eine Menge Zündstoff gibt. Unsere Jahrgänge, aufgewachsen in einer Zeit des Obrigkeitsdenkens, sind dabei, sich das Kuschen abzugewöhnen. Wir Revoluzzer proben den Aufstand der Kellerkinder Praktiker gegen das Beamtentum. Vorläufig sind wir ja in der Hauptsache noch am Reden, aber es ist schon ein Erfolg, wenn sich eine Opposition bildet und sie eine gemeinsame Sprache hat, die Taten werden dann schon folgen.

Von Habicht, dem Vornehmen und Gemeinen, wird auch immer wieder gesprochen. Allgemein sind wir der Ansicht, daß man solche charakterlosen Gesellen links liegenlassen solle. Man ärgert sich immer wieder über ihn, man bedauert ihn ein wenig, aber hauptsächlich überläßt man ihn seinem Schicksal, das ihn nach allen Regeln der Wahrscheinlichkeit einmal ereilen wird.

Alle meine Bauern und dazuhin die meisten von den Flüchtlingen sind es gewohnt, mindestens einmal im Jahr ein Schlachtfest abzuhalten. Daher bin ich in den Herbst- und Wintermonaten viel unterwegs in Sachen Fleischbeschau bei Hausschlachtungen. Wie es mir in einem solchen Falle am letzten Freitag erging, das ist einmalig, das muß ich ihnen erzählen. Da hat in Degersbach draußen ein gewisser Hetzlers Karl, den die Leute Roßmucken-Charly nennen, eine kleine Landwirtschaft. Zwei Pferde, zwölf Rinder und zwei Schweine sind sein Besitz. Die letzteren kauft er mit acht Wochen und mästet sie nach alter Väter Sitte auf drei Zentner und noch mehr. Denn die Dicke der Speckschicht auf dem Rücken ist für den Roßmucken-Charly immer noch der Hauptgesichtspunkt bei den Schweinen. Fett braucht man immer, und Fett ist gesund, sagt der Charly! Eins von den beiden bekommt der Metzger, das andere ist für den eigenen Haushalt bestimmt, denn der Nachschub in Büchsenwurst und Sonntagsbraten ist ungemein wichtig.

Und im Augenblick ist's mal wieder soweit, und ich fahre raus nach Degersbach zum vereinbarten Schlachttermin. Ich bin immer für Pünktlichkeit, es ist ganz selten, wenn auf mich mal jemand warten muß. Mein Vorgänger allerdings der alte Fleischbeschauer Veigele, der kam oft erst, wie man mir streng vertraulich erzählt, wenn die Würste fertig waren. Da allerdings nahm er es dann peinlich genau und unterzog das Produzierte einer gründlichen, fachlich fundierten Geruchs- und Geschmacksprobe. So war dieser risikobereite Mann quasi als Vorkoster unter Hintansetzung der eigenen Gesundheit sozusagen im Selbstversuch stets in vorderster Front der Gesundheitsschützer zu finden.

Diese hervorragenden Bemühungen auf dem Gebiete des Gesundheitswesens wurden auch dadurch nicht gemindert, daß dem Veigele sein Trichinenmikroskop, mit dem andere von jedem Schwein rein unnützerweise vierzehn haferkorngroße Proben untersuchen, abhanden kam. Denn bereits nach sechs Monaten erstattete der brave Mann Anzeige und war aufs Äußerste besorgt um das teure Instrument, das der Stadt gehörte. Und so wie der Veigele all die Jahre hindurch sein Ämtle handhabte, so gefiel's den Leuten.

Nun aber gibt es diesen neumodischen Tierarzt, der meint, er wisse alles besser. Zuerst will er das Tier lebend sehen, was ja überhaupt keinen Sinn hat, denn wer schlachtet schon für sich selbst was Krankes, und dann hernach, da darf man nicht mal die Backen in den Kessel werfen, bevor nicht alles untersucht und gestempelt ist. Und was hat er davon? Daß ihm der Hausmetzger nur vom Hals einen Braten runterschneidet und dazu noch einen kleinen und einen recht fetten! Das hat er davon! Das mit dem Braten ist uralter Brauch, und selbst wenn einer so pingelig ist wie der Pfeffer kann man nicht einfach darüber hinweggehen. Aber, wie gesagt, nur ein kleines Stück und fett und mit innendrin einem dicken Halswirbel!

Punkt neun bin ich also nun draußen beim Roßmucken-Charly seinem Höfchen. Aber es bietet sich mir keineswegs das gewohnte Bild einer geschlachteten Sau, die, bereits halbiert, an einer Hauswand baumelt, eines Holzschragens, auf dem die Innereien liegen und was sonst noch alles dazugehört. Nichts von alldem. Nur der Hausmetzger, der immer mit dem Fahrrad rüberkommt von Enderlingen, wo er wohnt, steht vor dem Stall. Er hat sogar noch seinen Rucksack umhängen, aus dem oben der Stiel von seinem Spaltbeil rausschaut.

«Ja, was ist denn da los? Um neun Uhr sollten Sie doch fertig sein!»

«Herr Doktor, ich kann bestimmt nichts dafür, glauben Sie mir's! Die sind schon vor zwei Stunden fortgefahren, sie wollten die Sau wiegen und müßten, wie die Kinder sagen, schon lange wieder da sein.»

«Seit wann wiegt man denn seine eigene Sau vor der Hausschlachtung? Was fängt denn der für Blödsinn an?»

«Anscheinend ist die Sau ein Prachtstier, und der Charly hat zu mir gesagt, so gut sei noch nie eine geraten bei ihm und das komme daher, weil ihm der Herr Pfarrer speziell seinen Schweinestall mit Weihwasser ausgesegnet habe. Er schätze sie auf vier Zentner, aber er wolle es diesmal schriftlich.»

«Das wird eine teure Fleischbeschau! Um elf Uhr komme ich wieder!»

«Geht's nicht etwas früher? Der Charly hat doch den Herrn Pfarrer zum Mittagessen eingeladen von wegen dem Segen, und wenn Sie so spät kommen, kann man Hochwürden ja gar nichts vorsetzen, weil's noch nicht durch ist bis dahin.»

«Mein Verschulden ist das nicht. Was brauchen die das Schwein noch zuerst spazierenfahren an der frischen Luft! Aber ich will sehen, was sich machen läßt. Notfalls findet die Speisung halt eine Stunde später statt. Er wird ja nicht gleich um ein Uhr eine Beerdigung haben.»

Schon um halb elf bin ich dann tatsächlich zum zweitenmal draußen. Jetzt ist er da, der Roßmucken-Charly. Verlegen steht er rum und dreht seinen Hut in den Händen.

«Runtergesprungen ist sie vom Wagen, und wir haben's erst gemerkt, wie wir sie an der Waage abladen wollten. Das Luder hat den Strick abgebissen gehabt! So haben wir sie zuerst suchen müssen, und wir sind halb bis Enderlingen gelaufen, bis wir sie endlich wieder hatten. Und das mit ihren 407 Pfund! Da können Sie es selber lesen», und er will mir den Waagschein unter die Nase halten, «der Herr Pfarrer ...»

«Ja, ja ich weiß, er hat den Stall ausgesegnet!» entgegne ich ungeduldig, «wie weit seid ihr denn, das ist wichtiger!»

Da höre ich die Stimme vom Hausmetzger und schaue ums Eck, wo der Trog steht und wo in einer dampfenden Brühe das gestochene Schwein gereinigt und entborstet wird. Mit krebsrotem Kopf schreit der Metzger:

«Dieses Mensch soll ich im Trog rumdrehen, diesen Elefanten! Ein schöner Segen ist das für einen Mann in meinem Alter. Da krepiert man ja fast daran! Da, sehen Sie selbst, Herr Doktor!»

«Mann, Mann, die ist ja noch im Trog! Da ist wirklich der Segen drin, jetzt kann ich wohl ein drittes Mal herfahren!» Diese Worte bringen aber den Hetzlers Karl regelrecht zum Flennen, und er jammert los:

«Herr Doktor, Herr Doktor, nur das nicht! Ums Himmels willen, Hochwürden kommt doch gleich zum Essen, und der Metzger darf doch ohne Ihre Stempel nicht weitermachen. Bitte machen Sie eine Ausnahme!»

Na ja, sonst ist der Roßmucken-Charly ja eigentlich ein netter Mensch. Auch stehen seine drei bleichen Kinderchen hinter ihm und schauen recht ängstlich zu mir her ... mit ihren Roßmuckengesichtchen.

«Ausnahmsweise! Aber helfen Sie mit, dalli dalli, der Metzger verliegt sonst noch an diesem Monstrum!»

«Wohl, wohl, Herr Doktor», schreit der Metzger unterm

Schaben, «wenn ich nicht jeden Tag einen Rüssel fressen tät, dann könnte ich das gar nicht mehr leisten in meinem Alter.»

Und wie wenn er sich verpflichtet sähe, die etwas gespannte Atmosphäre zu beruhigen, sorgt er für weitere Konversation. «Bin halt auch schon sechzig», meint er. «Oben wäre ich schon noch gut beieinander, unten auch, aber» und er zwinkert zu mir rüber, «in der Mitte, das ‹Knie›, verstehen Sie! Wenn es nur da einmal Ersatzteile gäbe! Für so ein neues Stoßstängle tät ich hundert Hausmetzgen gratis machen!»

Lachend gehe ich auf die Haustüre zu.

«Da werden Sie wohl noch ein Weilchen warten müssen, bis zu der Erfindung! Ich gehe jetzt rauf in die Stube und bereite die Trichinenschau vor. Bringen Sie mir nachher gleich die Nierenzapfen, ja!»

Ich trete durch die Haustüre und bin in einem der typischen alten schwäbischen Bauernhäuser, wo unten im Parterre rechts und links vom Hausgang die Ställe sind und wo die Futterläden in diesen Hausflur münden. Gleich hinter der Haustüre ist Stroh aufgeschichtet, auf dem man sich die Schuhe abstreift, dann geht man an der Futtermehlkiste vorbei und gelangt zur Treppe, die in den ersten Stock hinaufführt. Dort ist dann meist das Schlafzimmer über den Ställen, damit man in der Nacht immer gleich hört, wenn drunten was los ist. Beispielsweise kommt es öfters vor, daß ein Rind aus seiner Kette schlüpft und dann im Stall herumstreunt und Blödsinn macht. Es saugt an den Eutern von Kühen, die gerade dösen und denen eine solche Störung überhaupt nicht ins Programm paßt, oder es fängt eine Stoßerei mit den Hörnern an, was noch viel weniger erwünscht ist. Ist es aber ein Bulle, der sich losgemacht hat, dann ist erst recht was geboten. Er nützt natürlich die Gelegenheit, welche ja vielleicht die einzige ist in seinem Dasein, und läßt seinem Temperament freie Bahn. Vom kleinsten, zartesten Jährling bis zur Uroma im Stall, alle kommen dran! Wenn derartiges passiert, dann plärren die Bewohner im Erdgeschoß, daß die Balken wackeln, und den ärgsten Siebenschläfer haut's da aus dem Nest.

Wie ich raufkomme, setze ich mich in die Stube, hole mir die Zeitung aus der Küche und lese ein bißchen. Ich bin gerade an den Inseraten, da höre ich, wie einer trab trab trab die Treppe raufwetzt. Aber statt dem Metzger mit der Trichinenprobe taucht der Hausbesitzer persönlich auf und ruft ganz entsetzt zur Tür herein: «Herr Doktor, Herr Doktor, kommen Sie nur schnell runter und schauen Sie sich an, was bei der Sau aus dem Bauch gekommen ist. Die hat ganz komische Därme, sagt der Metzger!»

«Das wird ja immer schöner! Herr Hetzler, so eine kuriose Hausschlachtung gibt's nicht alle Tage! Ich komme!»

«Da, schaun Sie her,» ruft mir der Stoßstänglesmetzger entgegen und zeigt auf einen dick geschwollenen Berg von verwachsenen Därmen und sonstigen Innereien, die alle zusammen gerade mit Mühe noch auf seinem Schragen Platz haben.

«Das wiegt ja bald einen Zentner! Da wird's aber nichts heute mit den Blut- und Leberwürsten im Darm, mein Lieber, das ist alles unbrauchbar. Da muß schon vor längerer Zeit eine große Entzündung stattgefunden haben, als deren Folge alles verklebt und verwachsen ist. Das schauen wir uns gleich mal genauer an!» Vorsichtig beginne ich, den Magen zu lösen und ihn zu durchtasten. Große Verschwartungen sind am Ausgang zum Darm spürbar. «Metzger, trennen sie mal den Magen ab und öffnen sie die Geschwulst. Aber vorsichtig, bitte!»

Es dauert keine zwei Minuten, da stößt mein Sektionsmeister verblüfft hervor:

«Donnerwetter, Herr Doktor, ein Messer, ein Messer von einem Eßbesteck steckt da drin!»

Tatsächlich. Da nehme ich mir natürlich den Roßmukken-Charly vor und frage ihn, wieso er übrige Messer hat und sie dazu noch den Schweinen in den Trog schmeißt. Oder ob er vielleicht meint, daß man wegen der roten Blutkörperchen Eisen zuführen müßte!

«Ha noi!» stottert der jetzt ganz niedergeschmetterte Hetzlers Karl herum, «wir holen doch unser Schweinefutter jeden Tag in dem großen Behälter dadrüben in der Kantine von der Papierfabrik, von uns stammt dieses Messer nicht!»

«Na dann schneiden sie nur weiter, Metzger. Bin gespannt, ob nicht noch was rauskommt. Arbeiten sie immer dem Darm entlang, bis wir durch den ganzen Schlamassel durch sind!»

Es ist fast nicht zu glauben, aber im Dünndarm steckt ein Zahnstocher aus Holz, der sich in der Darmwand festgefahren hat, und im Dickdarm erscheint eine zum Messer passende Gabel! Ja, da schlägt!s dreizehn. Der Roßmucken-Charly ist so bleich, daß es bleicher einfach nimmer geht, und ich bin gespannt, was der geistliche Herr dazu meint, wenn er mit der Enttäuschung des gläubigen Kleinbauern und mit seiner eigenen, weil es ja nun keine Würste gibt, fertigwerden muß. Eigentlich fehlt nur noch ein Teller, dann wäre das Gedeck komplett gewesen!

Dieses Tier offenbarte erst nach seinem Tode, daß es unter seinesgleichen als Fakir gelebt hatte.

Der Charly allerdings ist begreiflicherweise nicht sehr begeistert. Jetzt ist er doch extra zum Wiegen gefahren, um Gottes Wohlgefallen an seiner Schweinemast auch in Zahlen ausdrücken zu können, und nun muß er einen ganzen Zentner in Abzug bringen, und außerdem kann er noch froh sein, daß der Doktor Pfeffer bei der Lebendbeschau gestern kein Fieber festgestellt hat und daß bei der Koch- und Bratprobe, die jetzt noch vorgenommen wird, kein besonderes «Geschmäckle» wahrzunehmen ist.

Nicht lange dauert's, da kommt der Herr mit dem schwarzen Kleide, und bei seinem Anblick fällt mir gleich das Verslein aus dem «Faust» ein: «Hatt' sich ein Ränzlein angemäst', als wie der Doktor Luther.»

Der Roßmucken-Charly, der Gastgeber, bringt sogleich die Sprache auf den erteilten Segen und die unerwarteten Folgen und blickt dem kugelrunden Gottesmann mit deutlich sichtbarem Mißtrauen ins Gesicht. Der Seelenhirte aber mit seinen rosaroten Backen und seinen freundlich blitzenden Augen ist um eine in diese Situation passende Antwort nicht verlegen.

«Ja, du Esel, du einfältiger Narr, glaubst du auch nur eine Sekunde, daß dein Schwein, das sich mit Zirkuskünsten befaßt, wie da Messer- und Gabelschlucken sind, ohne den Segen und die Gnade unseres Herrn nicht lange schon seine Seele ausgehaucht hätte! Siehst du nicht, du Erzungläubiger, daß Gott ein Wunder vollbracht hat, indem dieses Tier trotz der inneren Martern, die du Sünder zu verantworten hast, so groß und stark geworden ist, anstatt daran zu sterben, wie es üblich ist in solcher Not! O du Kleingläubiger! Los, lege Holz unter den Kessel, Gehilfe des Satans, damit wir wenigstens am Kesselfleisch uns laben können, ich habe um halb zwei eine Beerdigung! Und Metzger, ... du wirfst mir auch gleich noch den Rüssel rein in den Sud, der ist für mich reserviert!»

Also übernahm die Geistlichkeit in hehrer Sitte die Lenkung der Geschicke, und uns anderen blieb nicht viel mehr, als verdutzt aus der Wäsche zu schauen und den so hocherfahrenen Diener Gottes zu bewundern.

Noch jemand muß ich einige Zeit später bewundern, aber dabei ist's mir ganz und gar nicht zum Lachen.

Da telefoniert nämlich der Weigele vom Albhof an einem Vormittage im Februar ganz aufgeregt, daß seinem Fohlen, das aus seiner Box entwischt und im Kuhstall umhergestrolcht sei, vom Horn einer Kuh die ganze Flanke aufgeschlitzt wurde, so daß die Därme raushingen. Er habe auch dem Veterinärrat schon angeläutet von wegen der Versicherung, denn es wäre wohl fraglich, ob ich das noch operieren könnte.

Draußen liegt Neuschnee auf spiegelglatter Unterlage,

denn nach einigen Regentagen war es plötzlich bitter kalt geworden, und auf den Straßen hat sich Eis gebildet. Der Albhof liegt ja auf dem Grasberg oben, wie Sie sich vielleicht noch erinnern. Damals hatte das «Gaskalb» meiner Ehe den Garaus gemacht. Heute, so hoffe ich, geht es wenigstens ohne persönlichen Schaden ab.

Mit dem Fohlen wird wahrscheinlich nichts mehr anzufangen sein, wenn das stimmt, was ich am Telefon gehört habe. Da aber der Lutz auch gleichzeitig angerufen wurde, schaue ich, daß ich vor ihm droben bin, damit ich nicht mit ihm zusammentreffe, denn erst gestern habe ich diesem Herrn einen Brandbrief ins Haus geschickt, den er sich, weiß Gott, redlich verdient hat. Es war jetzt endlich mal Zeit, daß ich ihm eine verpaßte, denn allzuviele Wespenstiche hatte mein Nacken schon empfangen, und dann kam noch die Sache dazu mit dem Pferd, für das er den Besitzer nicht entschädigte, nur weil es bei mir und nicht bei ihm in Behandlung gestanden war. Da war es Sense bei mir. Ich schrieb ihm einen Brief, in dem ich ihm unkollegiales Verhalten und Mißbrauch seines Amtes vorhielt und ihm mitteilte, daß mir sein autoritärer Dünkel auf den Wecker gehe. Wir seien Tierärzte, er, und ich genauso, und nur unsere Aufgaben seien verschiedene. Was solle da barsches Auftreten, Lächerlichmachung und Kommando! Damit aber dieser meiner Attacke auch der gehörige Nachdruck nicht fehle, setzte ich an den Schluß einen ganz dicken Hund: «Ich erteile Ihnen ab sofort Hausverbot!» schrieb ich. Obwohl er mein Haus nie betreten hatte und sicher auch nie die Absicht hatte, dies zu tun, allein daß ich ihm diese Lektion erteilen konnte, tat mir gut und war, objektiv betrachtet, nichts mehr als eine genüßliche Gemeinheit.

So also drücke ich ziemlich heftig auf die bewußte Tube, komme in den Serpentinen des Grasberges auf der trügerischen Neuschneedecke in einer Kurve ins Schleudern und erlebe einen echten Blackout. Erst im Bett eines Krankenhauses nämlich setzen sich meine Wahrnehmungen fort.

Was war geschehen? Ich hatte einen Totalschaden gebaut! Wegen der verflixten Pressiererei, damit ich ihm ja nicht begegne, war ich mit Schwung in den Graben gesaust. Und nicht nur in den Graben, sondern auch auf einen Baum! Anscheinend bin ich im Kopfe vollständig weggewesen, denn als kurz darauf der Veterinärrat dieselbe Kurve nahm, sah er mich drinhängen ohne jede Bewegung in meiner zerquetschten Kiste, und das Blut lief anscheinend über die Sitze auf den Boden.

Aber da hat der alte Herr gehalten, hat seinen Widersacher, der ihm erst gestern Hausverbot erteilt hat, mühevoll aus dem Auto gezerrt, hat den Blutverschmierten in seinen eigenen Wagen getragen auf der schnee- und eisglatten Fahrbahn und hat ihn, Fohlen hin, Fohlen her, den ganzen Weg zurück in die Kreisstadt gefahren ins Krankenhaus.

Wie ich das alles erfahre, bin ich an der Wurzel meines Menschseins erschüttert. Ohne Unterlaß bohren jetzt in mir Zweifel und Reue. Die Ärzte verordnen, daß ich eine Woche liegen müsse, aber mich hält es nicht hier. Am nächsten Morgen schon ist mein Krankenhausbett leer. Auf eigenes Risiko bin ich getürmt mit brummendem Schädel. Die Oberin schimpft nicht schlecht, wie sie das hört und vor allem, weil ich sofort wieder meine Praxisgeschäfte aufnehme. Einen Schuß Leichtsinn habe ich ja schon immer im Blut gehabt und was Kranksein betrifft, so glaube ich, daß ein Tierarzt für sowas keine Zeit hat.

Bereits acht Tage nach dem Unfall stehe ich an der Wohnungstüre von Regierungsveterinärrat Lutz. Das ist kein leichter Weg für mich gewesen, das können Sie mir glauben. Es war ein bitterer Weg, ein demütigender Weg, aber eben ein notwendiger, ein Weg der Dankbarkeit, der Erkenntnis und der Umkehr. Viel ist mir seit meinem Unfall durch den Kopf gegangen. Die Worte Wannenmayers zum Beispiel bei unserer ersten Zusammenkunft, dann die Tatsache, daß ich wirklich neben dem alten Herrn ein junger Marschierer war, daß ich ein Eindringling war, der ihm wegraubte, was er mühsam für sein Alter sich zurechtgelegt hatte. Ich hatte ihm seit meinem Auftauchen in Schwipfingen fast ausnahmslos Ärger bereitet. Mein Name muß für ihn wie ein rotes Tuch gewirkt haben. Sogar seinem eigenen Kinde habe ich Leid zugefügt und habe es grenzenlos enttäuscht. Ich war der Böse gewesen, der Störenfried. Er, er wehrte sich nur!

Das alles hatte ich vergessen, oder richtiger, die Sturm- und Drangperiode meiner jetzt auslaufenden Jugendzeit hatte mich großzügig über dies alles hinwegsehen lassen. Und dann noch las ich erst kürzlich die Worte eines amerikanischen Kollegen, des Dr. Herrick von der IOWA-Universität, die ich buchstäblich aufsaugte in mich und die zu praktizieren ich mich allsogleich entschloß. «Toleranz», meint er, «ist die liebenswürdigste Eigenschaft, die ein Mensch haben kann. Sie ermöglicht einem, die Dinge vom Blickpunkt des anderen aus zu betrachten. Diese Großzügigkeit gewährt auch den anderen das Recht auf eigene Meinung und Eigenart. Sie, die Toleranz, ist die Größe, die es uns ermöglicht, andere Leute nach ihrer, statt nach unserer Fasson selig werden zu lassen.»

Mein Empfang ist nicht enthusiastisch:

«Es war selbstverständliches, menschliches Verhalten, nichts mehr!»

Ich raffe mich auf:

«Herr Kollege Lutz, ich bedauere mein bisheriges Verhalten und speziell meinen Brief. Ich möchte meinen Willen ausdrücken, künftig für ein gutes Verhältnis Sorge zu tragen und bitte um Verzeihung für all die verschiedenartigen Schwierigkeiten der Vergangenheit.»

Jetzt ist's mir leichter! Wie ich die Treppen drunten bin, habe ich das Gefühl, daß ich richtig gehandelt habe. Sicher hat auch er seine Fehler gemacht, sicher hätte auch er sich für vieles entschuldigen müssen, aber darauf kommt es doch gar nicht an. Recht haben, das wollen doch nur Einfältige, gut sein dagegen ist vom Bedeutsamen.

Eines Tages im darauffolgenden April, die Kirschbäume blühen und weiße Wölkchen am blauen Himmel künden bereits vom Sommer, kommt der Lehrer Strohmaier zu mir und bittet mich, ihm für den nächsten Montag zum Unterricht ein unangeschnittenes Schweineherz zu besorgen. Der Strohmaier ist ein freundlicher Herr in mittleren Jahren und ich tue ihm gerne den Gefallen, um den er mich gebeten hat.

Und da er direkt neben der Metzgerei Kurz wohnt, nehme ich die Gelegenheit am Montag gleich wahr und bringe ihm selbst nach der Beschau beim Kurz ein solch gewünschtes, unversehrtes Organ rüber.

Er freut sich und bietet einen Cognac an. Wie wir die Gläser heben, sehe ich an der Wand des Zimmers eine Sternenkarte hängen. Dadurch kommen wir ins Gespräch über den nächtlichen Himmel, reden über das Buch, das mir B.B. vor einigen Jahren zu Weihnachten geschenkt hat und noch über eine Menge mehr, und ich merke, daß der Strohmaier ein ganz gescheiter Bursche ist und dazuhin von einer liebenswerten und bescheidenen Art. Daher arrangiere ich es, daß wir uns in den folgenden Monaten zu Gesprächsabenden zusammenfinden, einmal bei mir, einmal bei ihm und manchmal sogar am Wiesenbach bei der Oberin, die auch daran interessiert ist, sich weiterzubilden. Auf diese Weise geraten meine praxisorientierten Gedanken an kosmische Kontakte, und mein Denkpotential vergrößert sich. Mein bis dahin schlummerndes Interesse für die großen Wesentlichkeiten dieses Erdenlebens wird zu hellem Wachsein erweckt. Denn dieser tiefgründige Schulmann erklärt mir nicht nur, wie der Mond Ebbe und Flut hervorruft, sondern er zitiert auch häufig Literarisches. Manchmal sind es nur ein paar Worte einer nachdenkenswerten Weisheit, wie zum Beispiel «sub specie aeternitatis», was heißen soll, daß man alles unter dem Gesichtspunkt der Ewigkeit sehen soll. Oder er bringt mir einen eindrucksvollen Satz nahe aus Thomas Manns «Lob der Vergänglichkeit»:

«Die Bewohnbarkeit eines Himmelskörpers ist nur eine Episode in seinem kosmischen Sein».

Für mein menschliches Wachstum ist der Umgang mit einem so kenntnisreichen und tief fundierten Manne von großer Bedeutung. Dazuhin habe ich das Gefühl, daß dieser Strohmaier mir vielleicht ein richtiger Freund werden könnte. Und dies ist ein außerordentlich erfreulicher Gedanke für einen wie mich, dessen Seele und Herz einsam sind.

Im schönen Monat Mai müssen wir noch einen Kater kastrieren von einem Fräulein. Wir stopfen ihn kopfvoraus in einen Rohrstiefel, damit er nicht kratzen kann, machen örtliche Betäubung, und die Oberschwester hält dem Delinquenten die Hinterfüße auseinander. Unschicklicherweise ergreift nun unser Patient selbst die Initiative, indem er in einem dünnen, aber gekonnt kräftigen Strahle seinen Blaseninhalt mit dem penetranten Katergeruch der Oberin in den Ausschnitt sausen läßt. «Na warte, Bürschlein, dich werden wir gleich konfirmieren!» Und so geschieht's. Im Handumdrehen ist der Übermütige um einige Gramm leichter und um einige Freuden des Daseins ärmer. Sein Fräulein aber meint, ganz so schlimm sei es auch jetzt nicht für ihn, denn immerhin könne er ja noch zuschauen.

Solches ist vielleicht für den verhinderten Kater ein Trost, für mich aber ganz bestimmt nicht. Denn diese lieblosen Zeiten bekommen mir von Tag zu Tag weniger. Man versauert buchstäblich dabei! Das einzige Gute ist noch, daß ich Randy habe und die wenigstens streicheln kann. Obwohl, meine Bauern hänseln mich bereits, wenn ich mit dieser meiner Dauerbegleitung erscheine: «Daß Sie so ein Hundsdatte geworden sind?!» – «Sie werden doch nicht vollends ganz auf den Hund kommen!»

Diese Sticheleien und Ermahnungen sind aber rein für die Katz, denn ich spüre ja selbst, daß ich so auf die Dauer nicht weiterwirtschaften kann. Schon allein vom Äußeren her. Mein Wagen beispielsweise gleicht in letzter Zeit eher einer fahrbaren Hundehütte als einem Tierarztauto, und was meine Kleidung anlangt, so trage ich die Hemden, bis die Kragen schwarz sind und die Hosen, bis man sie dem Lumpensammler mitgeben kann. Und wie es mit dem Auto ist und den Kleidern, so ist es mit allem. Ich lasse den Karren regelrecht schleifen! Kaum zu glauben, wie so ein Liebesvakuum den Menschen verändern kann.

Heute nun, an einem sonnigen Juninachmittage, stehe ich gerade an der Ecke vom Rathaus und will rüber über die Straße zum Schulzenbauer. Weil aber im Augenblick ein ziemlicher Verkehr herrscht, muß ich warten. Heuwagen auf Heuwagen passiert an mir vorbei und die Bauern grüßen lachend herüber. Die Luft ist erfüllt vom herrlichen Duft der getrockneten Gräser, auf einem nahen Wiesengrundstück zirpen Grillen, und im Stalle nebenan brüllt eine Kuh. Beglückt atme ich dieses Fluidum, diese Atmosphäre meines liebgewordenen Schwipfingen. Mit einem Male wird mir wieder bewußt, wie froh es macht, hierherzugehören, hier in dieses Landstädtchen, zu diesen Menschen, zu diesen Tieren. Urplötzlich ergreift wieder Lebenslust und Daseinsfreude Besitz von mir. Beschwingt lasse ich meine Blicke schweifen, die vertrauten Häuser und Höfe entlang, hinauf zu den Baumwipfeln, hinein in den strahlendblauen Himmel. Wie aber meine Augen wieder herabfinden auf den Gehsteig beim Rathaus, sapperment, da erwische ich mich doch dabei, wie ich einem Mädchen in einem hübschen Dirndlkleid nachschaue. He, das ist ein gutes Zeichen! Es geht scheint's wieder aufwärts mit mir.

Da muß ich doch gleich nachher in den «Adler» rein und ein paar Augustiner darauf trinken, gehen Sie mit? Und dazu bestellen wir für jeden eine doppelte Portion Ochsenmaulsalat zur Feier des Tages. Einverstanden?